国家出版基金项目
NATIONAL PUBLICATION FOUNDATION

中宣部主题出版重点出版物

# 世界棉花看新疆

## ——新疆棉花是如何生产的？

SHIJIE MIANHUA KAN
XINJIANG
XINJIANG MIANHUA SHI RUHE SHENGCHAN DE

顾问◎童庆禧　陈学庚
主编◎张　泽　黄长平

長江出版傳媒
湖北科学技术出版社

**图书在版编目(CIP)数据**

世界棉花看新疆：新疆棉花是如何生产的？／张泽，黄长平主编.—武汉：湖北科学技术出版社，2024.10（2025.9 重印）

ISBN 978-7-5706-3155-1

Ⅰ.①世…　Ⅱ.①张…　②黄…　Ⅲ.①棉花－栽培技术－新疆－普及读物　Ⅳ.①S562-49

中国国家版本馆 CIP 数据核字 (2024) 第 047610 号

出 品 人：邓　涛

策划编辑：杨瑰玉　严　冰

责任编辑：严　冰　张波军　刘　芳　张娇燕　刘　亮　曾紫风

责任校对：李子皓　秦　艺

封面设计：喻　杨

---

出版发行：湖北科学技术出版社

地　　址：武汉市雄楚大街 268 号（湖北出版文化城 B 座 13—14 层）

电　　话：027-87679468　　　　邮　　编：430070

---

印　　刷：湖北新华印务有限公司　　　　邮　　编：430035

---

710×1000　　1/16　　11 印张　　200 千字

2024 年 10 月第 1 版　　2025 年 9 月第 3 次印刷

定　　价：88.00 元

---

**（本书如有印装问题，可找本社市场部更换）**

世界棉花
看新疆

中国科学院院士

# 世界棉花看新疆

——新疆棉花是如何生产的?

## 编 委 会

顾　问　童庆禧　陈学庚

主　审　吕　新

主　编　张　泽　黄长平

副主编　岑　奕　张　强　马露露　王江丽　侯彤瑜

编　委　（按姓氏笔画排序）

丁怡人　马怡茹　马露露　王汇涵　王红玉

王江丽　田景山　印彩霞　李晶宜　杨作仁

岑　奕　汪　锦　张　泽　张　强　张　霞

张立福　林　皎　季　慧　郑志鸿　周峻如

侯彤瑜　姚秋双　桂尧辉　高　攀　黄长平

韩小强

# 序一

棉花作为全球重要的经济作物之一，不仅是纺织工业的基础，更是农民生计的重要来源。在世界棉花生产的舞台上，新疆以其独特的地理优势和优越的气候条件，成为中国乃至世界上重要的棉花产区之一。同时，新疆棉花种植历史悠久，具有规模化程度高、种植水平高和机械化水平高的“三高”特点，棉花产量和品质更是享誉国内外，在全球棉花市场中占据着举足轻重的地位。

我与新疆棉花结缘可以追溯到20世纪60年代，当时我的父母作为知青，带着我来到了新疆，这也注定了我与新疆棉花、与农业机械结下了一辈子的缘分。提到新疆棉花，可能很多人脑海中浮现的还是“百万采棉大军进新疆”的场景，但这已经是很多年前的情况了。作为中国最大的棉花生产基地，新疆棉花从播种到采收实现了全程机械化，自动化和智能化水平也处于全国领先水平。这些成就不仅提升了农业生产效率，也提高了农业现代化水平，确保了棉花产业的可持续发展。

《世界棉花看新疆——新疆棉花是如何生产的？》一书分上篇、中篇和下篇，分别从新疆棉花的发展历史、育种生产、科技赋能等方面全面介绍新疆棉花生产的“前世今生”，通过生动有趣的文字、严谨准确的数据、丰富直观的图片，向读者科普新疆得天独厚的自然地理优势、高效的栽培耕作管理手段、大规模的机械化生产技术，从而让读者充分认识到，为何新疆棉花代表着中国植棉的世界水平。

我扎根边疆 60 余载，还长期从事棉花生产机械化技术研究和推广工作，对于新疆棉花自然有着一种特殊的情愫，希望这本书能够为读者深入了解新疆棉花的独特魅力与农业技术推广提供有价值的参考。同时，也希望捧起这本书的你们能够有机会走进大美新疆，了解新疆棉花。

新疆棉花产业正在不断发展壮大，我相信未来它必会创造世界棉业的传奇！

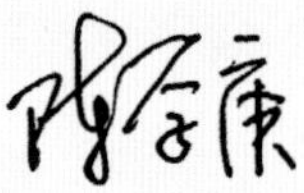

中国工程院院士、石河子大学研究员　陈学庚

# 序二

棉花，是大自然赠予人类最质朴的礼物，它的温暖与美丽，让人们感受到生活的柔软与和谐。它是人间最温暖的花，品格一如它的颜色那样洁白无瑕，清纯可人。它朴实无华，安静地在田间开放，但它造福人类，贡献巨大。

棉花，是关系国计民生的重要战略物资，具有独特经济地位。我国不仅是主要的棉花生产国，也是最重要的棉花消费国和纺织品服装出口国。过去，传统产棉区分布在新疆、江淮地区和黄河中下游地区，呈三足鼎立之势。2013 年以后，新疆棉花种植面积大幅提升，成为世界棉花产业的一匹黑马。如今，新疆棉花种植面积占全国棉花种植总面积的 85%，产量占全国棉花总产量的 91%，呈一枝独秀局面。

新疆不仅有着适宜棉花生长的独特气候条件，规模化、集约化的生产模式，全程机械化作业的现代化农机装备，协同高效的现代农业经营体系，还有蓬勃发展的纺织服装产业，这些都是新疆棉花留给人们的深刻印象。近年来，随着国内外棉花市场的需求变化和棉花生产的大幅波动，棉花产业发展及安全战略问题受到社会各界的广泛关注，新疆棉花更是备受瞩目。

因此，向大众介绍新疆棉花所处的得天独厚的自然环境、高抗优质的优良品种、高产精准的栽培技术、高效智能的机械作业，为何新疆棉花代表着中国植棉的世界水平，从而让世界人民看到真实、立体、全面的新疆棉花，推动中国由棉业大国向棉业强国发展，为中国特色社会主义现代化建设营造良好的外部环境具有重要意义。

强烈的责任感与使命感使然，石河子大学和中国科学院空天信息创新研究院、中国农业科学院棉花研究所等单位的专家学者们，纵观新疆棉花生产发展实践，凝练总结多年来开展棉花栽培的经验、科技赋能棉花生长的智慧，撰写了这部《世界棉花看新疆——新疆棉花是如何生产的？》。我们仿佛看到，新疆每一缕阳光、每一滴雨露都化作了棉花中最纯净的白，遥感卫星的“千里眼”、大数据的“智慧脑”、云计算的“调控手”在棉田的经纬间铺下了“智慧”之网，劳动人民以勤劳和智慧支撑起新疆棉花生产的繁荣景象。

以棉花为笔，饱蘸科技与文化之墨，本书不仅记叙了新疆棉花的故事，更书写了新疆棉花如何超越物质本身助力文化交往、科技交流的新篇章。它将激励更多人走进新疆，为新时代背景下的新疆发展积蓄力量！它将让世界人民得以俯瞰大美新疆棉花的花开如雪、大地织锦，认识立体丰盈、真实可爱的新疆！

世界棉花看中国，中国棉花看新疆。在新疆这片希望的田野上，让我们携手耕耘，共同见证新疆棉花更加美好的未来！

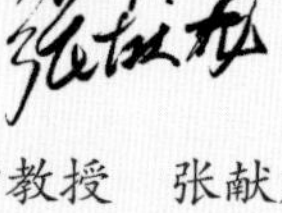

中国工程院院士、华中农业大学教授　张献龙

# 目录

## 中篇　新疆棉花的育种生产

# 小引

汉代，棉花自印度沿着“丝绸之路”，伴着声声驼铃，跨过广袤的黄沙戈壁，到达新疆。这种热爱太阳又传承温暖的植物，在离家数千里的他乡，找到了适宜它生长的土壤。这里干旱少雨，而棉花喜干耐旱；冬季气温较低，可以有效减少棉花病虫害；地域开阔、地势平坦，可以实现棉花大面积连片种植；天山冰雪融水丰富，可提供充足水源用于棉田灌溉。

新疆人民热爱棉花，为了让它绽放在这片原本贫瘠的土地上，用 2000 多年的勤劳和智慧守护它成长。新疆的棉田见证过“白叠”的珍稀，见证过龟兹“花蕊布”作为代金券的辉煌，见证过“林公井”开凿的艰辛，还见证过兵团垦荒植棉的热火朝天，更见证了新疆利用科技赋能棉花生产的今天——从无人精量播种、水肥一体化智能控制、无人作业、机械化采收到棉花大数据，新疆培育出一种高效、精准、可持续的棉花生产方式。

世界棉花看中国，中国棉花看新疆。如今，新疆棉花生产已成为中国现代农业发展最生动的名片。中国棉花产量约占全球棉花总产量的 22%，新疆棉花产量占全国棉花总产量的 91%。在新疆广袤的戈壁滩上，无垠的棉田汇聚成的凤凰，早已展开它的双翅，冲霄一鸣天下知。

# 上篇

## 新疆棉花的“前世今生”

XINJIANG MIANHUA DE “QIANSHI JINSHENG”

- 从“太阳的孩子”说起
- “棉花帝国”的兴衰变迁史
- 西来“洋货”的中国化

# 第一章

# 从“太阳的孩子”说起

说起棉花，你的第一印象是什么？是不是“温暖”？古人盛赞棉花：“花开天下暖，花落天下寒。”棉花被誉为“太阳的孩子”，不仅仅因为棉花的生长需要充足的阳光和温暖的气候条件，更因为棉花成熟后收获的棉絮存储了太阳的温暖，数千年来帮助人们抵御寒冷，在人类生产生活中发挥了重要的作用。

## 一、棉花的起源

人的基本需求包括衣、食、住、行，衣位列其首。人类是世界上唯一需要穿衣服的物种。那么，是谁，在什么时候穿起了第一件衣服呢？这个问题在考古上是非常有难度的，因为衣服容易腐烂，史前服装的直接证据有限。但著名生物学家马克·斯托金从一个侧面回答了这个湮没在时间迷雾中的人类历史“谜题”。他对专性寄生虫人虱的全球性迁移很感兴趣。他认为，虱子依存于人体，当人体褪去体毛并开始穿衣服时，虱子的活动范围和身体构造发生了改变。于是，当人类穿上衣服时，虱子进化出了更庞大的体形以及更适合附着于衣料的爪子，这就是体虱。如果能够找到体虱分化出现的时间，就能大致知道人类普遍穿上衣服的时间。据他推算，大约在 7.2 万年前，人类开启了与衣服漫长的缘分。

早期人类的衣服以树叶和皮毛为主，用于保护身体和取暖。《后汉书》有载：“上古穴居而野处，衣毛而冒皮。”

最初，人类只是简单地将树叶和皮毛挂在身上。后来，为了方便行动，人类学会了利用切刀、骨针等器具制作衣服，使之贴身、美观。到了距今 10000 ~ 7000 年的新石器时代早期，“纺具之祖”纺轮出现了。纺织这一技能的出现，使人类服装进入了织物时期。《淮南子》有载：“伯余之初作衣也，緂麻索缕，手经指挂，其成犹网罗。后世为之机杼胜复，以便其用，而民得以掩形御寒。”

旧石器时代的骨针
（周口店遗址出土）

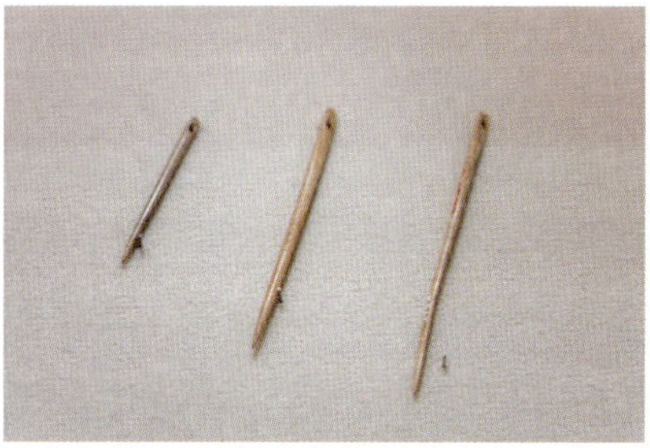

新石器时代的骨针
（中国国家博物馆藏）

最早的纺织纤维是麻。世界上已发现的最古老的麻织物是 1854 年在瑞士湖底发现的亚麻残片，距今已有 10000 多年。此后，全球不同地区的人类尝试用各种不同的纤维进行纺织：北非尼罗河流域的人们使用亚麻，小亚细亚地区的人们使用羊毛，中国黄河、长江流域的人们使用麻和葛，而印度河流域和南美秘鲁的人们近乎在同一时期加工

虎纹栽绒毯

红底人面纹缂毛

带蓝色边饰的黄色毛纱衣

新疆营盘遗址出土的纺织品图案

（新疆维吾尔自治区博物馆藏）

出了棉织品。

印度河流域的摩亨佐·达罗古城是全世界公认的棉花发源地。早在7000多年前，居住在这里的达罗毗荼人就已经开始了棉花的种植和纺织。该区域所在的印度次大陆属于热带季风气候，年平均气温22℃，有着充足的水源和日照，自然地理条件十分利于棉花生长。该区域还盛产植物性染料，而相较于其他纤维，棉纤维更易吸水染色，因此印度河流域的棉布色彩浓艳绚丽，旅行家马可·波罗曾盛赞其为全世界最美的织物。

## 二、棉花的特点

棉花是“太阳的孩子”。

它喜爱“太阳妈妈的温暖”。它生长对环境温度要求严格，需要积累足够的热量才能茁壮生长，若热量达不到标准则难以生长。棉籽发芽最低温度为10.5℃；种芽破土出苗时，温度一般需要在16℃以上；幼苗生长最适温度为20～30℃；现蕾需要的最低温度为19℃，随着温度的升高，现蕾速度加快；开花结铃期最适温度为25～30℃；棉

“太阳的孩子”——棉花

追着“太阳妈妈”的棉花叶片

（棉叶一天中随着太阳转动的现象，即上午叶片正面朝东，下午叶片正面朝西）

铃成熟吐絮期的温度宜在 20℃以上，低于 15℃则不利于纤维发育和棉铃成熟。

它还喜爱“妈妈的抚摸”。尽管棉花属于短日照作物（在昼夜周期中，日照时间须低于某临界值时才能开花的植物），但棉花的生长需要充足的日照。与向日葵一样，棉花的茎叶也会追逐着“太阳妈妈”的方向，一天中从东向西转动。在其生长期间，如果日照不足、田间荫蔽，棉株就会徒长，蕾铃大量脱落造成晚熟减产。如贵州省尽管环境温度达标，但因缺乏足够的日照而较少种植棉花。

虽然棉花枝多叶大，蒸腾系数大，需水较多，但它的根系发达，吸水力强，因此具有抵御干旱的能力。棉花怕水浸，如果土壤中水分过多，田间湿度过大，就会影响棉花发育，导致晚熟减产。

棉花硕大的叶片

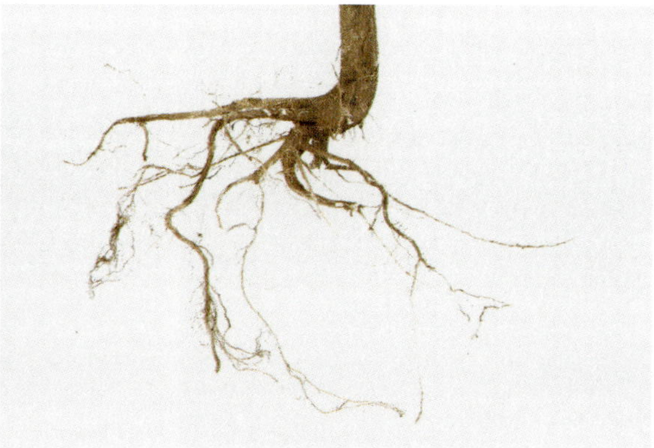

棉花的根系

棉花是“太阳的孩子”，它存储了“妈妈的温暖”。

如果在显微镜下仔细观察棉纤维，就会发现棉纤维天然卷曲，截面有中腔，纤维之间形成缝隙，组成成百上千的小气孔，“存储”大量的空气。空气是热能的不良导体，这种独特的多孔和中腔结构形成隔热层，可以起到良好的保暖效果。

经过阳光的照射，棉纤维会恢复弹性、伸长、蓄积热能，因此日晒后的棉被不仅非常蓬松，还格外柔软。在冬夜，盖上晒过的棉被，棉纤维里的热能会缓慢释放，人们会感到温暖且舒适。

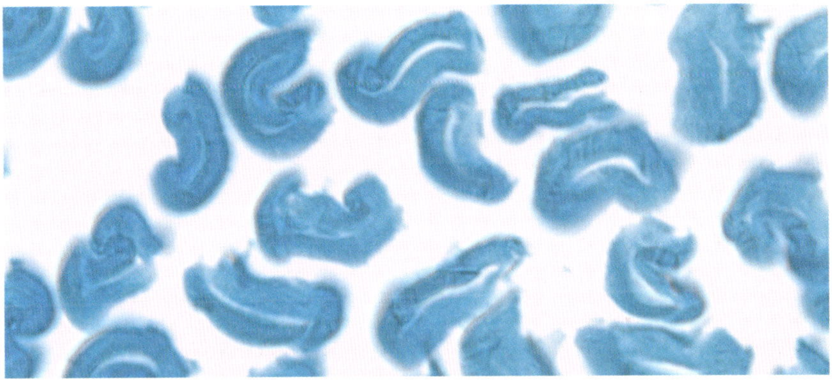

成熟纤维横切

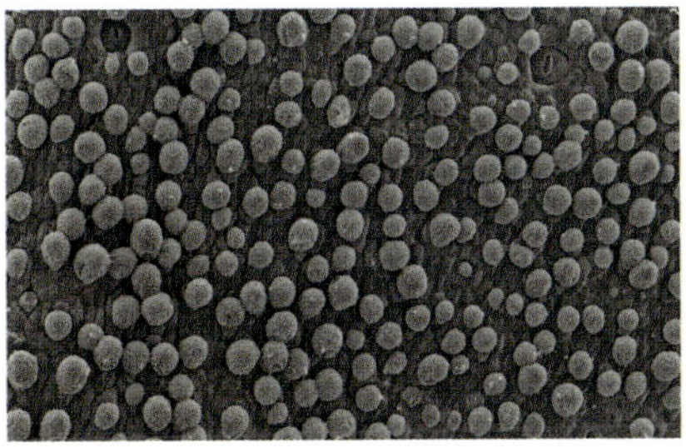

纤维起始

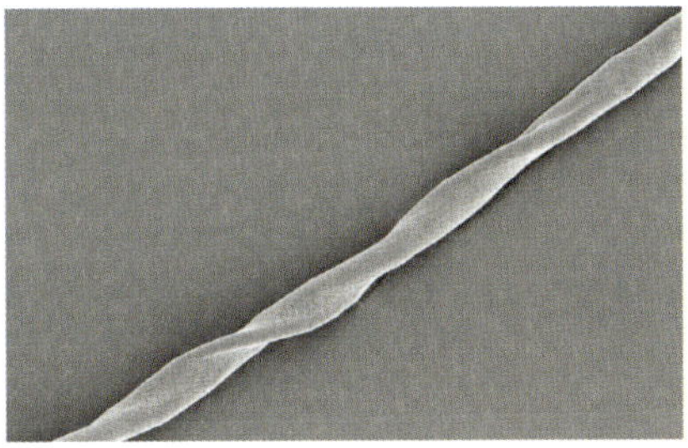

成熟纤维纵视图

显微镜下的棉纤维

棉花一直为人们提供天然的纺织纤维，供人们织就兼具透气性、保暖性和舒适性的棉织品。当代诗人左河水盛赞棉花：“不恋虚名列夏花，洁身碧野布云霞。寒来舍子图宏志，飞雪冰冬暖万家。”

## 三、棉花的种类

棉花在植物分类学上属于锦葵科棉属植物，一年或多年生木本，植株灌木状。

你印象中的棉花是什么样子的？干枯的枝干上，四瓣的白色棉絮圆圆鼓鼓的，看起来好像白色的“小桃子”。的确，它还有个称呼，叫作“棉桃”，也因状如铃铛，学名称为“棉铃”，但它其实是棉花的果实。

棉花的花朵俗称“草花”，其颜色不是只有白色，而是丰富多彩的。同一植株上的棉花开花存在先后顺序，因此常可在一株棉花上看到不同颜色的花。棉花极具观赏性，明代《二如亭群芳谱》曾将棉花与诸多名花并列。

棉桃（棉铃）

颜色多变的“草花”

棉花大部分为野生种，世界上曾广泛种植的有 4 个栽培种，即亚洲棉、非洲棉、陆地棉和海岛棉。

亚洲棉又称“树棉”“中棉”，原产于印度次大陆，是陆地棉的“先祖”之一。亚洲棉较适应亚洲土壤和气候，是有记载以来最早进入中国的棉种，也是中国久经栽培的土棉。亚洲棉纤维粗、长度短，适宜作为药棉、絮棉等，可作为较好的种质资源。

非洲棉又称“草棉”“小棉”，原产于非洲南部地区。非洲棉产量低、品质差，但生长期短、早熟、耐旱，在西汉中期由中亚经“丝绸之路”传入中国，也是新疆地区最早种植的棉种。受限于采收和初加工的繁琐，非洲棉一直到元代依旧局限于河西走廊一带。

陆地棉原产于美洲墨西哥，为改良棉花品质以适应近代机器棉纺织工业的需要，于 19 世纪末传入中国，如今取代了非洲棉和亚洲棉，广泛栽培于中国各大棉区。它综合实力优秀，不但植株健壮、适应能力强，而且结铃性强、棉铃大、皮棉产量高、纤维品质好。

海岛棉是棉中“贵族”，又称“长绒棉”，原产于南美洲热带地区和西印度群岛，可纺 200 支以上的高支纱，往往用于纺织高档面料。海岛棉的纤维细长、强度很高，以海岛棉织造的衣服往往有极佳的触感，同时有良好的透气性与吸汗性。海岛棉在 19 世纪传入中国，目前新疆是中国唯一的海岛棉种植区。

亚洲棉　非洲棉　陆地棉　海岛棉

四大棉种的叶、花、铃

## 四、棉花的用途

棉花“白色的花”是果实里保护种子的絮状纤维，这种纤维经过简单加工即可用于纺纱织布，是世界上重要的纺织原料。但棉花可用的不仅仅是棉絮，它全身都是宝：棉絮可以纺纱，棉籽可以榨油，棉壳、棉毛可以入药，干枯后的棉秆可以用于造纸……真可谓“微躯承载千般用”。

棉花各部分模拟图

### 1. 油料作物

棉籽是棉花的种子，它是重要的油料资源，棉籽由棕黑色的籽壳和壳内的棉籽仁组成。棉籽仁含油 35% ~ 45%，含蛋白质 39% 左右，含棉酚 0.2% ~ 2%，且含有大量的不饱和脂肪酸。

棉籽油的颜色较其他食用油深，偏褐色，亮度也不高，比较暗。棉籽油含棉酚等对人体有害的成分，须精炼后食用。精炼后的棉籽油又称“棉清油”，一般呈橙黄色或棕色。棉清油中含有大量人体必需脂肪酸，最宜与动物脂肪混合食用，人体对其的消化吸收率极高，可达到

98%；棉清油中的亚油酸含量高，能有效抑制血液中胆固醇的升高，保护人体健康。棉籽油有抗氧化和延缓衰老的作用，许多护肤品中也含有棉籽油。

去皮棉籽

棉籽油

## 2. 蜜源植物

蜜源植物主要指能供蜜蜂采蜜的植物，区别于其他仅仅依赖开放的花苞产蜜的植物。棉花蜜主要来源于棉花叶脉、苞叶和花内蜜腺分泌的蜜露。

蜜蜂采棉花蜜

棉花作物是中国主要的蜜源植物之一。棉花的叶片中，主叶脉下有一条蜜腺。开花前，主叶脉下的蜜腺首先会分泌蜜露，之后苞叶下的蜜腺也分泌蜜露，蜜蜂在这期间采集的蜜为甘露蜜；开花后，蜜蜂所采的蜜为花蜜。

棉花蜜呈浅琥珀色，透明，味甜而微涩，香气淡，带有乳酸气息，易结晶，结晶后呈白色，颗粒较粗，质较硬。棉花蜜可以调节内分泌、滋润皮肤、润肠通便，可以直接食用，也可以用温水冲服。

### 3. 药用植物

棉壳在《百草镜》中被称为“棉花壳”，性辛，味温，入胃经，可治膈食、膈气。《本草正义》中也有类似的记录：“棉花壳可以疗膈者，性温能行，可泄痰瘀也。”

棉花的另一个入药部位为种子上的棉毛。其性温，味甘，无毒，具有清除湿热、解毒杀虫、理气散瘀的作用，还能用于止血。

除了种子上的棉毛和外果皮，棉籽、棉籽油、棉花根皆可入药。从棉籽中提炼出的有毒成分棉酚也有重要作用，可用于制作杀

带壳的棉花

带棉毛的棉籽

棉花根

棉酚

菌剂或杀虫剂，还可以用来提制具有免疫抑制作用和抗病毒作用的药品。

### 4. 装饰材料

棉絮是棉花果实里的絮状纤维，通常为纯白色或白中微带黄色，柔软蓬松。由于其柔软、可塑性好，且颜色较浅，便于染色，利于人们随自己的想象创作造型，被广泛用于家居装饰和创意品开发。

在装饰品的制作中，主要有两种棉絮装饰思路。一是作为填充物，装填到布艺或其他材料制品的内部，起到塑形与支撑的作用，如各种玩具、抱枕，棉絮能令其更加圆润可爱，可以抚慰人们的情绪。二是发挥想象，利用棉絮纯白轻盈的特性，将其塑造成云朵、羽毛、绵羊，以及其他各种“相似”形象，用它们作为装饰，创意十足又趣味盎然。

棉花质地洁白松软，可以直接制成干花用于装饰。相比于其他鲜艳夺目或姿态婀娜的花枝、花朵，棉花似乎带着与生俱来的纯净和温柔。人们将成熟后的枝干裁剪来作为花材使用，搭配尤加利（桉）叶制作干花。在花店里常常可以看到用棉花制作而成的花朵，棉花温暖的特质赋予了它特殊的花语——珍惜身边人。

棉花，不像鲜花会凋萎，用它制成的干花，简单几支就独具韵味，文艺范儿十足。因为棉花的独特花语，棉花花束常常被用作婚礼装饰的主花材，代表新人们美好吉祥的愿望。棉花用作陪衬时也能丰富花束的层次，其颜色浅淡，不会喧宾夺主，是花艺师倾心的花材之一。

棉花花束、花环

## 5. 包装材料

棉秆是一种特殊的秸秆，其化学组成与木材类似，全纤维素含量为56%，木质素含量为22%。它既具有普通秸秆的一般特征，又具有类似木材的特殊特征。棉秆是半木质化的，可造出质量优于以稻草、麦秸秆为原材料制成的牛皮纸、包装纸和纸板箱纸，不仅坚实，而且可部分代替木质浆，生产中低档纸质用品，减少木质浆的消耗。

棉秆还可用于生产刨花板、中密度纤维板等，虽然其具有翘曲度大、自然吸湿膨胀率高等缺点，质量无法与木质纤维媲美，但棉秆造板可以发挥其价廉、易取材的优点，满足生产需求。

棉秆

粉碎压缩后的棉秆颗粒

### 6. 饲料、培养基质材料

棉秆饲料的蛋白质含量高于麦草制成的饲料，可以利用微生物发酵技术将棉秆制成发酵饲料，用于喂养牛、羊等反刍动物。由于棉秆特殊的营养成分结构，反刍动物能更好地吸收棉秆制成的饲料。当然，在被制成饲料之前，棉秆须经过微生物发酵技术膨化脱毒，该过程不仅可以浓缩秸秆中的蛋白质，也可以降低粗纤维的含量，还可以去除棉酚。此外，棉秆可以作为无土栽培的有机基质材料，用于设施蔬菜栽培。

棉籽壳含纤维素、木质素，以及氮、磷、钾等营养成分，且酸碱度适中、保水通气，是理想的食用菌培养基质。

棉花培养基质生产食用菌

## 第二章

# "棉花帝国"的兴衰变迁史

棉花自有记载以来已有7000多年的历史。纵观这几千年的兴衰更迭可以发现，棉花可不是没有故事的"小学生"，而是叱咤风云的"大人物"。早在500年前，棉花经济就已席卷全球，正如美国历史学家斯文·贝克特在其代表作《棉花帝国》一书中所讲述的，"棉花帝国"兴衰的故事也是一部资本主义全球化的历史。当地理大发现、殖民贩奴、工业革命、美国南北战争等历史大戏纷至沓来，你终将发现，棉花才是不变的主角。

## 一、棉花的"白金"属性

棉花种植的历史起源于古印度，这里也是早期棉花种植、加工、纺织技术最好的地区。当地居民很早就掌握了棉纺织技术，纺出了集轻柔舒适、色彩艳丽、样式新颖等优点于一体的棉织品。

1928年，在印度河流域发现了距今4500年的棉布标本。经鉴定，这块棉布由亚洲棉织就，且棉布织造技术已较为成熟。

古希腊著名历史学家希罗多德曾描述古印度人种植棉花和纺织棉花的情景，在他的描述中，棉花是在树上生长的，比羊毛还美丽、柔软的纤维，古印度人用其织布裁衣。1598 年，荷兰旅游者兼商人范·林斯科顿在《航行去东印度》中也提道：印度圣托马斯等地区的人们多穿棉织品，当地棉织品颜色齐全，比丝绸织品更受欢迎。

在户外使用纺车的印度妇女

公元前 2 世纪，中国已经通过“蜀身毒道”，用丝绸、邛竹杖从东南亚换回黄金、玉石、琉璃、棉花等商品。据《史记》记载，这条交通线起于四川成都，经云南进入缅甸、泰国，通往印度，是中国和南亚、东南亚商贸交往的重要陆上通道，也是印度向东销售棉织品的主要通道。

同一时期，印度通过与中东的商贸交往将棉织品远销欧洲。这条向西的销售通道直达帕提亚王国（又称“安息王国”），棉织品通过该国到达罗马。柔软、洁白的棉织品很快就征服了罗马人，他们将中国的丝绸织品和印度的棉织品视为同样珍贵的物品，非贵族不能享用。

632 年，一个横跨欧、亚、非三大洲的庞大帝国——阿拉伯帝国建立了。帝国形式上的一统，为大规模的棉花种植提供了相对稳定的社会环境，棉花的种植与纺织技术逐渐推广开来。

此后一直到 17 世纪，印度的棉纺织业发展及棉织品贸易在全球范围内始终位居前列，并因此获取了巨额利润。莫卧儿帝国时期，印度控制了全世界 1/4 的纺织品贸易，每年税收高达 1 亿两白银，远超同时期明朝的税收。棉花，作为印度农业的支柱之一，被誉为“白金”（白色黄金）。

## 二、资本的贪婪血色

当印度人穿着舒适且色彩绚丽的棉织品时，欧洲人只能穿亚麻、兽皮或羊毛织造的衣物。欧洲大陆流传着一个神秘的“羊树”传说：东方有一种奇特的“树”，这种“树”上结一种奇怪的果实，很像绵羊，有着头、腿和尾巴，它身上覆盖着洁白的羊毛，柔软如丝。英国作家约翰·曼德维尔的《曼德维尔游记》和俄罗斯旅行家斯特鲁依斯的游记中都有着类似的描述。

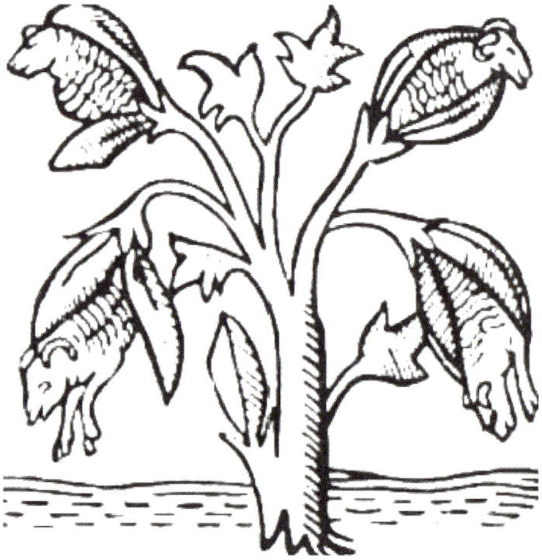

有树生羊毛，洁白而佳美

（左图为编者实拍吐絮期棉花，右图引自 1887 年版《曼德维尔游记》）

950年，棉花正式大规模地传入欧洲。10世纪，西班牙开始种植棉花；12世纪初，意大利北部开始种植棉花；之后棉花传入法国。然而，由于气候的天然阻碍，不受棉花眷顾的欧洲依然需要从埃及和叙利亚进口原棉，欧洲本土的棉纺织工业因此发展受限，工具和技术均远远落后于同时代的印度。

15世纪，为了突破强大的奥斯曼帝国对陆上贸易的压制与封锁，欧洲各国积极开辟海上通道，揭开了大航海时代的序幕。1497年11月，葡萄牙探险家达·伽马绕过好望角，于1498年5月成功到达印度的卡利卡特，印欧海上棉花商路由此打开。欧洲人为实用、舒适、色彩绚丽且有着浓厚异国风情的印度棉布所倾倒，仅1684年就从印度进口了上百万件棉布服装。

棉纺织业的巨大利润和贸易逆差疯狂地刺激着当时的欧洲商人们。为了攫取、独占巨额的财富，他们推出了“国家机器”这个新型武器：利用歧视性关税，压制印度的棉织品出口，鼓励原棉出口；使用武力侵略亚、非、美洲，建立起广袤的殖民地，解决原棉种植的土地需求；推动奴隶贸易，奴役、掠夺殖民地人民，解决棉纺织业这个劳动密集型产业的人力需求；从政府层面调动劳动生产者改良工具和技术的积极性，推动工业革命的发生和发展，在降低成本的同时提升棉织品的产量和质量。18世纪中期，廉价的英国棉布已经充斥世界各地，棉花产业中心已彻底从亚洲转移到了欧洲，古老的亚洲社会逐渐从纺织品的全球性出口地沦为西方工业制品的倾销地。

棉布——人类史上第一种全球化商品，在棉纺织业暴利的疯狂刺激下，在工业革命的辅助下，引领英国构筑殖民世界数百年的“日不落帝国”。“棉花帝国”的基石下所掩埋的、“自由贸易”的“画皮”所遮盖的，是殖民地人民的累累白骨。殖民地疯狂的棉花种植更是摧毁了当地原有的经济结构，使经济发展严重受限于棉花产业。19 世纪 70 年代，国际棉花价格暴跌，印度大量棉农因失去收入来源而死于饥荒。

美国密西西比州棉花种植园正在采收棉花

## 三、科技的创造之力

棉花变成棉布，需要经过 3 个步骤：剔除棉籽、纺成棉纱和织就棉布。无论掌握哪个步骤的先进工艺和核心技术，都可以有效降低成本、提升效率，从而把控棉纺织产业的发展和棉花贸易的命脉。

剔除棉籽是棉花纺纱织布的前提条件。然而，由于棉絮层层叠叠地缠绕在棉籽上，如果没有合适的工具，剔除棉籽就是一件费力且低效的事情。这一问题一直困扰着古人，甚至曾阻碍中国西部早期棉花产业的发展和扩张。古印度佛教艺术遗址阿旃陀石窟群上的造像群显示，早在公元前 400 年，古印度人就可以通过某种工具将棉籽从棉花中分离出来。这一突破性技术的出现为古印度成为棉花纺织大国奠定了基础。1784 年，美国发明家伊莱·惠特尼改进了传统的轧棉机，利用剥离筒上细小的倒钩钩走棉絮，实现了棉籽的快速剔除。这种简单的机器使分离效率提升了 50 倍，大大降低了棉花处理成本。轧棉机的出现使得棉花种植利润更丰厚，美国棉花出口量更是暴涨约 45 倍，棉花成为美国重要的大宗出口货物，被认为是美国“最有价值的商品农作物”。

轧棉机轧棉

惠特尼轧棉机复原图

在此之前，科学技术作为第一生产力，已在东方和西方棉织品贸易由顺差转逆差的改变中发挥重要作用，更为“棉花帝国”的建立立下汗马功劳。1733 年，英国机械师约翰·凯伊发明了装着小轮子的

珍妮纺纱机

“飞梭”，使需要 2 个人配合的织布工作由 1 个人即可完成。1764 年，英国纺织工人詹姆斯·哈格里夫斯发明了由 1 个纺轮同步带动 8 个纱锭的珍妮纺纱机，纺纱效率得到极大提升。1769 年，英国钟表匠阿克莱特发明了水力纺纱机，纺纱效率和产品质量得到进一步提升。1785 年，卡特赖特发明了水力织布机，纺织的动力突破了人力的局限，效率提升了几十倍。

在各项优惠和奖励政策的激励下，英国人的科技创新热情高涨，梳毛机、针织机等机器发明不断涌现，印花、漂白、染色等技术推陈出新，科技推动着英国棉纺织效率和产品品质稳步上升。1784 年，万能蒸汽机的研制成功将人类带入蒸汽时代，使英国棉纺织业的发展如虎添翼。

梳毛机

针织机

棉花柔软纤细，却以“一丝”之力推动了工业革命的发展，引领英国率先实现机械化生产。当时，在英国，人人都想开纺纱厂，因为技术革新带来的低廉成本使得不管多小的纱厂都很容易赚钱，其年投资回报率能极其稳定地维持在 10% ~ 30%。18 世纪最后 20 年，英国棉布出口数量暴涨了 200 倍，销售额从 1780 年的 35.5 万英镑暴涨到 585.4 万英镑。

## 四、人民的自由之心

棉花生产与棉纺织业是劳动密集型产业，无论是种植棉花、加工棉花还是纺织棉花，都需要大量的人力。12 世纪，处在“羊吃人”阴影下的欧洲人无比羡慕无须侵占土地便可从树上结出“羊毛”的“羊树”，期待它带来富庶和文明，然而在真正拥有它之后，他们却利用它干起了“人吃人”的买卖。

为了获取足够的、无须进口的原棉，欧洲人疯狂地屠戮美洲原住民，侵占、殖民美洲，掠夺非洲劳动力，使纯白的棉花沾满了残忍黑奴贸易

18 世纪美国南部棉花种植园的景象

的血腥。随着欧洲和美国棉花种植及棉纺织业爆发式发展，美国的黑奴贸易同样达到高峰。为了最大限度地榨取黑奴的劳动价值，美国的棉花种植园主对奴隶进行严密管控和残忍对待。

18 世纪，“棉花帝国”凭借剥削与压迫到达巅峰时刻，但同时也迎来反抗与自由斗争。1700—1845 年，仅在英国和美国的贩奴船上就发生了 55 次奴隶起义；在美洲这个黑奴备受奴役和压迫的地区，反抗则更加激烈，仅在美国一地，黑奴起义就有 250 多次。

随着民族意识的觉醒，世界各地先后掀起了反殖民主义浪潮，寻求国家民族独立自主，摆脱宗主国的政治、经济控制，培养、扶持本国产业。劳动人民政治意识的觉醒促进了欧洲工会组织的广泛形成，弱势群体的联合大幅提升了工人团体的政治影响力，这为工人们争取到了更多权益，使欧洲劳动力成本显著提升，棉花产业格局随之发生了变化，更具劳动力成本优势、正迈向现代化发展道路的亚洲国家重新界定了“棉花帝国”的中心。

# 第三章

# 西来“洋货”的中国化

对中国而言，棉花自西而来，是彻彻底底的“洋货”。但千百年来，它持续为中国人民带来温暖，而作为报答，中国人民用勤劳和智慧守护它在中国广袤的土地上生根发芽、开花结果。现如今，中国已成为世界上最大的棉花消费国和棉花生产国，新疆一望无际的棉田成为中国现代农业发展最生动的名片——规模化、集约化的生产模式，批量作业的现代化农机装备，以及协同高效的现代农业经营体系。

## 一、“洋货”命名为“棉”

棉花，作为一种重要的经济作物，并非中国本土作物。它在数千年前已经出现在印度河流域，大概在公元前 1000 年通过印度和东南亚之间的贸易，传入东南亚地区。其后，在东南亚和中国海南岛地区的民族文化交往中，棉花在战国时期来到海南岛。公元前 3 世纪，中国的文献记载中第一次出现了棉花的身影，《尚书·禹贡》记载：“岛夷卉服，厥篚织贝。”“岛夷”指的是东南海岛上的居民；“织贝”亦称为

“吉贝”，这是棉花在中国最初的名字。

因为外来，棉花在较长时间里，一直采用外语的音译名。在历史文献中，其名主要有二：一是“吉贝”及其转音，如“古贝”“劫贝”“家贝”等，主要源于梵语 karpasa；二是“白叠”及其转音，如“帛叠”“白叠”“白答”等，主要源于突厥语 pahta。

从棉花的音译名称可以清晰地查明棉花进入中国的途径。随着东西方贸易的开展，从南方“海上丝绸之路”和西南“陆上丝绸之路”，由印度经缅甸、越南传入中国南方地区的棉花，名曰“吉贝”。时至今日，这个名字依然在它最先进入中国的地区沿用。广州话称棉花为“蛤贝”，番禺一带居民仍称棉花为“吉贝”；海南黎语中称整株棉花为“jibei”。从西北“陆上丝绸之路”由中亚传入中国新疆等地的棉花，名曰“白叠”。同时，经学者研究发现，印度作为亚洲棉的原产地，传入中国南方的是多年生的木本亚洲棉；传入中国北方的则是一年生的草棉。唐代翻译家玄应记述：“劫波育，或言劫贝者……高昌名叠。可以为布。罽宾以南，大者成树；以北形小，状如土葵。”再根据“吉贝”和“白叠”的词义考据，“吉贝”指棉花作物，即南路是先引进棉花植物，尔后才开始生产棉布；而“白叠”指布匹，即北路是先引进棉布货品，再种棉花。

汉代“丝绸之路”示意图

汉代海上航路示意图

从战国时期棉花首次登陆海南岛开始，及至三国两晋时期，中国已有大量历史文献记载了海南、闽广和西南一带种植和纺织棉花，印染技术也得到了大幅提升，出现了“广幅布”“斑布”“桐华布”“婆罗笼段”等棉织品称呼。但因交通等条件限制，当时长江、黄河流域尚未种植棉花，故地处中原的魏文帝把棉花视为珍宝。到唐代，人们把广西所产棉布称为“桂布”，棉织品虽已流通却依然珍稀，诗人白居易得此布如获至宝，赋诗赞之“桂布白似雪，吴绵软于云。布重绵且厚，为裘有余温”。

宋末元初，黄道婆从黎族人那里学习了纺织技术。技术的传授、工具的革新使得棉花大量传入中原地区，“木”字旁的“棉”字首次出现在北宋韵书《广韵》中。南宋袁文的《瓮牖闲评》最早解释了“棉”的由来：由“绵”延伸扩展，为区别蚕茧之绵，植物之棉取“木”字旁。

至此，棉花在中国终于有了自己独有的名字。

## 二、棉花的宋元之兴

棉花传入中国经历了一个漫长的历史过程。其出现在中国的最早记载始于战国，而其兴盛却在1500年后的宋元。宋元年间，中国的棉花经济逐渐成长发展，成为此后1000多年中国社会经济中具有重要影响力的因素。

《宋史》载:“宋元之间始传其种于中国，关陕闽广首获其利，盖此物出外夷，闽广通海舶，关陕通西域故也。”在南方，棉作物“吉贝”在战国时期经由海路传至海南岛，在汉晋南北朝传至西南大陆和闽广地区，直至宋元，随着人口大幅增长和经济中心南移，棉花种植传入长江流域，江南一带广泛植棉。在西北方，棉织品“白叠”在汉代从巴基斯坦东传入新疆；至唐代，新疆本地的草棉种植和棉纺织技术已具有较高水平，并传入甘肃敦煌；及至宋元，棉花通过河西走廊传至甘肃天水、兰州一带。

自北宋中期开始，北半球气候转冷。到“明清小冰期”，中国平均气温降低，降水量减少，人们对御寒衣物的需求与日俱增。受气候影响，北方丝麻产量萎缩，棉花以其适应性强、种植广、产量大的特点，填补了衣料紧缺的空白。

宋元年间，由于地理条件适宜，长江流域棉花种植迅速推广，很快超过最初种植棉花的东南、西南和西北等地区。棉花喜日照，适合种植于疏松的沙土，降水量不宜过大，地势要平整。而最初植棉的地区，东南沿海地区气候湿热，西南地区地势高、起伏大，西北地区气候干旱、酷寒，皆不利于棉花生长。长江流域地势平坦开阔，降水量适宜，相较于其他地区，地理条件更为优越。但由于长江流域相较于西南和闽广地区偏北，气温较低，南方的多年生亚洲棉种传入后，受生长温度所限，生长季缩短，逐渐演变为一年生棉种。尽管棉株变得低矮，却可以密植，棉花产量反而增加，棉绒变长且更易与棉籽分离，这为元初棉花大发展奠定了基础。

传播纺织技术的黄道婆

1295 年，流落崖州的黄道婆返回松江乌泥泾，带回了崖州先进的棉纺织经验。她结合自身长期生产实践，系统改进了棉纺织业的诸多工艺，补齐了元初棉纺织业大发展的技术短板。

去籽是棉花加工的重要工序，当时全部采用手工方式，效率低下。黄道婆巧妙制作铁、木二轴组成的手工轧棉机。使用时，只需一人向铁、木二轴之间的缝隙“喂”籽棉，并摇动曲柄，籽棉就会被两轴挤轧，分离出棉籽。利用这一技术，棉籽处理得干净且快速。与此同时，黄道婆改进了沿用多年的弹棉花竹弓，将原来一尺左右的弹弓改成四尺多长，弓上的弦也由细细的线改为粗绳，使得棉花弹得又快、又松、又干净，大幅提升了棉花预处理的效率。

黄道婆针对当时单锭手摇纺车纺纱效率低下的情况，发明了用脚踏代替手摇的三锭脚踏纺车，可同时纺三根纱，大大缓解了之前三四台纺车才能供一台织布机所需的难题。三锭脚踏纺车纺纱速度快、产量大，是当时世界上最先进的纺车。在织布工序上，黄道婆借鉴中国

三锭脚踏纺车
（上海闵行博物馆藏）

传统的丝织技术，汲取“崖州被”的优点，研究错纱、配色、综线、挈花等棉织技法，织成带有折枝、团凤、棋局、字样等图案的被、褥、带、帨等。“乌泥泾被”鲜艳如画，驰名全国。

随着长江流域棉花产量和纺织技术的提升，棉织品的生产成本大幅下降，而品质得到较大改进，对比其他纺织纤维，竞争力大大加强，棉纺织品逐渐从王侯贵族家的奢侈品变为万千百姓家的日用品。明代宋应星《天工开物》中记载“棉布寸土皆有”“织机十室必有”，由此可知，当时植棉和棉纺织已遍布全国。

## 三、变迁的植棉区

元明清时期，历代统治者都极力推广植棉技术，引导民众种植棉花。这一时期，植棉产区主要分布在三大区域。一是长城以南、淮河以北的地区，包括北直隶、山东、河南、山西、陕西等地。明代以山东、河南两省产棉量最丰富，冠于全国；而清代则以北直隶有很大发展。二是秦岭淮河以南的长江中下游地区，包括南直隶、浙江、湖广、江西等地。以南直隶松江府产棉最多，浙江、湖广次之。三是华南、西南地区，包括四川、云南等地，这些地区是最早的植棉区，但明清时期产量不高。

近代，棉花种植区愈加集中。棉纺织工业在中国近代工业中占有举足轻重的地位，它既是官僚资本和民族资本集中投资的重点产业，也是帝国主义投资最多的产业。《马关条约》签订后，入侵中国的帝国主义列强贪图中国丰富的原料和廉价的劳动力，纷纷将其国内的过剩资本投入中国，其中投资最多的就是棉纺织工业。中国的棉纺织工业在空间分布上表现为布局的畸形偏集，呈现出明显的殖民地性，主要集中在上海、江苏、浙江、山东、河北、湖北等地。

由于棉花重量轻而体积大，运输成本高。对棉花种植区而言，不仅要有适宜棉花生长的自然条件，更要求有较为方便的对外运输条件。为了就近获得棉花资源，众多厂商便在棉花种植区域附近或交通便捷之地发展棉花生产基地。在棉纺织工业的刺激下，在江苏、浙江、山东、河北、湖北、河南、山西、陕西等当时棉纺织工业分布集中的区域，棉花种植得到迅速发展。这些区域或是直接临海，可以利用海运；或是坐拥内河和铁路，便于棉花的运输和集散。

同时，棉花是一种耗费人工、技术依赖性强的经济作物，棉花生产区的形成不仅需要充足的劳动力，更要求较高的栽培管理技术和种植经验。长江中下游和黄河中下游地区历来是人口密集区，这为棉花

运棉船

主产区的形成提供了足够的劳动力；其悠久的植棉历史还培养了棉农们丰富的种植经验，这为棉花主产区的形成提供了优势条件。

棉种改良技术发展和政府鼓励植棉的政策进一步推进了棉花主产区的形成。1892 年，张之洞已在湖北进行棉种改良，但当时仅仅是将从美国引进的陆地棉种分发给棉农，因未经试验驯化，引种未能成功。1914 年，倡导“棉铁主义”的张謇出任中华民国农商总长，颁布植棉奖励政策，成立工商委员会，专注植棉改良，分别在南通、武昌设立第二、第三棉作试验场，通过对引进品种去杂去劣、混选保纯，培育了更适合长江中下游土质和气候的优质高产陆地棉种。其后十余年间，全国设立试验场六七十所。在张謇的大力倡导下，经过科学试种、驯化和推广美国陆地棉种，中国棉纺工业有了纺 32 ~ 42 支细纱的原料。这些棉种改良试验多在棉花主产区进行，而棉种和种植技术的改良反过来提升了这些区域的棉花产量和质量，创造了更多收益，从而挤压了这些区域其他经济作物的种植空间，推进了棉花主产区的形成。

南通博物苑张謇雕像

棉花商标

（南通纺织博物馆藏）

宋元时期棉花发展兴盛，直至民国时期，中国棉花生产重心一直在南方。新中国成立后，中国棉花产区重心经历了三次转移。第一次转移是从南向北，黄河流域成为新的生产重心。第二次转移是从南、从北向西，西北内陆（新疆）成为中国棉花生产的重心，形成了长江流域、黄河流域、西北内陆（新疆）三大棉花产区。其中，长江流域棉花产区包括上海、浙江、江苏、安徽、江西、湖南、湖北等地，这些地区植棉历史悠久，技术水平较高，但受气候条件影响，秋雨较多，棉花质量欠佳。黄河流域棉花产区主要分布在秦岭淮河以北、长城以南，以山东、河南、河北种植面积最多，该地区秋雨少，日照充足，棉花质量高。西北内陆棉花产区不仅包括新疆，还有甘肃河西走廊等地，该地区日照时间最长，降水少，昼夜温差大，病虫害少，棉花质量最高。第三次转移发生在 2010 年左右，长江流域和黄河流域棉花生产轻简化，而且机械化技术和装备发展较慢，棉花种植面积逐渐下降，棉花生产重心再次向西转移，形成了新疆棉区“一家独大”的格局。

## 四、“一家独大”的新疆棉花

新疆是中国最早种植棉花的地区之一，草棉在西汉中期时由中亚传入；南北朝时期，新疆已经开始种植棉花并使用棉布了；唐宋时期，新疆地区不仅有相当高的植棉水平，还有成熟的纺织技术，所产棉布量多质优，并不断运往内地；及至元明清时期，新疆的棉花种植已具备一定规模。

1842 年，林则徐因“禁烟运动”被革职并遣戍伊犁。尽管身处条件恶劣的边疆，林则徐依然心系家国，他认为屯垦是戍守西域的有效方

新疆伊吾下马崖的坎儿井

（天山北坡唯一的坎儿井）

式，提出“浚水源，辟沟渠，教民耕作”。他耗费 8 个月的时间勘察南疆八城，沿途倡导兴修水利，开浚水源，大规模开荒垦地。他改进、推广吐鲁番的“卡井”（坎儿井）灌溉，认为该项措施具有蒸发量少、利用率高、供水稳定等优点，可满足干旱地区的农业用水需求。这些垦荒和水利设施的建设，大大增加了新疆各种农作物（包括棉花）的种植面积，提高了农作物产量。林则徐还在新疆大力推广内地的纺车、织布技术。《新疆图志》记载：“吐鲁番地燥多沙，产棉尤盛。林则徐初至西域，教民制纺车，学织布，民号曰‘林公车’。”1845 年，林则徐结束流放生活，但他留下的农业成果依然持续滋养着这块土地。

“林公车”

清末到民国时期，新疆政局动荡，棉花经济两起两落。直到新中国成立后，新疆政局稳定，人民安居乐业，新疆棉花产业彻底展开了腾飞的翅膀。这对翅膀的一侧是新疆军民的人力支撑，另一侧是棉花种植的科技之光。

1949 年，新疆经济是以农牧业为主体的自然经济，生产力水平低下，生产方式落后，经济发展基本处于停滞状态，人民生活水平很低。1950 年 1 月，为巩固边防、加快发展，减轻新疆当地政府和各族人民的经济负担，中国人民解放军将主要力量投入生产建设，当年实现粮食大部分自给，食用油、蔬菜全部自给。经过新疆军民艰苦建设，到 1959 年，新疆棉田达 14 万公顷，总产量 114 万余担，远超 1949 年水平（棉田 3 万多公顷，总产量 10 万余担）。

新疆屯垦不仅仅开拓了全国农垦的最大垦区，还以其独特的生态环境为科学研究提供了广阔的创新空间。

北纬 44° 以北曾是国内外专家断言的“植棉禁区”，这种高纬度高寒地区无霜期短，棉桃来不及开裂就变黑、霉烂，不适宜棉花生长。石河子市玛纳斯河流域就位于这个区域。为适应当地降水少、水资源紧张、热资源不足等问题，在国内外专家的指导下，科技人员构建了“矮、密、早、膜、滴灌”的棉花种植技术体系：选育早熟品种，利用早播和早熟错开霜期；采用地膜覆盖，在减少土壤水分蒸发的同时，为棉苗增温、增光、抑盐、灭草；膜下滴灌水肥一体化技术，将地膜、水、肥三者有机结合，使之前的“浇地”向“浇作物”转变，极大地提高了水肥利用效率。科技工作者和植棉人员为棉花跨越“生命禁区”、在新疆各地区绽放立下汗马功劳。石河子垦区还创造了当时全国棉花大面积亩产最高纪录。

为了给棉花生产用种提供充足的选择空间，新疆棉区先后培育棉花品种 300 余个。其中，“新陆早 1 号”是新疆第一个早熟陆地棉新品种，长绒棉品种“胜利 1 号”改写了中国没有自育长绒棉品种的历史，中国第一个三系杂交棉也出现在新疆。这些优良的棉花品种在推动新疆棉花高产和优质方面发挥了不可替代的作用。

同时，为更好地降低劳动强度、提升植棉效率，新疆在农业机械化发展道路上一马当先、一骑绝尘。从 2004 年起，新疆棉花种植就进入了精准覆膜、精准铺管、精量播种一体机和机械化采棉的全程机械化发展阶段，实现了从“众人拾棉，昼夜不辍”到“机声阵阵，一日仓满”的华丽转身。2023 年全疆投入近 7000 台采棉机开展机械化采棉作业，棉花机采率达 85%。

机械化播种棉花

如今，新疆棉花生产已经进入高科技时期，采用无人机、遥感技术、北斗卫星导航技术、大数据等数字农业技术对棉花生长全生命周期实施精准管理。截至2023年，新疆棉花总产量、播种面积、单产和商品调出量连续29年稳居国内第一位。2023年，新疆棉花播种面积占全国棉花播种面积的85%，总产量511.2万吨，占全国棉花总产量的91%。新疆棉花在国内“一家独大”的特殊地位越来越凸显。

# 中篇

## 新疆棉花的育种生产

XINJIANG MIANHUA DE YUZHONG SHENGCHAN

## 第四章

# 勤耕细润育新苗——新疆棉花育种

俗话说“一方水土养一方人”，气候、环境、人文、技术等条件决定了不同棉花种植区域需要适宜的品种。种子是农业的芯片，自 20 世纪 20 年代开始，棉花育种工作者培育适宜新疆地区种植的棉花品种，在育种技术上不断创新和突破，推动中国棉花经历了 7 次换种，中国棉花种业日趋壮大，种质资源不断丰富，良种繁育体系逐步完善，棉花生产水平稳步提升。

## 一、中国棉花育种历程

在中国 2000 多年的植棉历史中，中国棉花经历了从无到有、从弱到强的发展历程。中国初始种植的亚洲棉称为“中棉”，具有成熟早、吐絮快、抗逆性强、纤维弹性强等优点，但缺点是产量低、棉铃小、纤维粗短以至于不能机纺细纱，因此，种植面积逐渐减少。为提高棉花产量和品质，满足纺织等需求，从 20 世纪 20 年代开始，经过棉花育种工作者的不懈努力，中国经历了国外引种、系统育种、杂交育种、抗性育种，棉花产量不断提高。

第一次换种始于 20 世纪 20 年代，先是从美国引入金字棉，后引入脱字棉和隆字棉，以陆地棉改良品种代替了一部分中棉，后来成为辽河及黄河流域的主要栽培品种。

第二次换种是 20 世纪 30—40 年代，于 1935　1936 年引进斯字棉和德字棉，1946—1947 年又引入岱字棉。它们取代了占全国棉田总面积 1/2 的中棉。

第三次换种是在 20 世纪 50 年代，1950 年继续引进岱字棉和斯字棉，长期在中国种植的中棉全部被取代。新疆于 1953—1956 年引进 108 夫、克克 1543 并推广种植。随着棉区枯萎病、黄萎病的发生和蔓

相邻地块同时期光叶品种和多茸毛叶品种的对比

（上两图棉花为光叶品种，下两图棉花为多茸毛叶品种。茸毛能阻止蚜虫吸食棉叶和产卵，多茸毛叶品种棉花对蚜虫和其他刺吸式口器害虫有较强的抗性）

延，中国开展了棉花抗病育种工作，选育出枯萎病抗原 52–128 号、新海 5 号以及耐黄萎病品种辽棉 1 号。

第四次换种是在 20 世纪 60—70 年代，主要以推广自育品种为主。到 70 年代末，自育品种种植面积达全国棉田总面积的 80%，从此结束了外国品种在中国棉花生产中居主导地位的局面。

第五次换种是在 20 世纪 80 年代，以推广自育丰产品种为主，并开始种植短季棉。在此时期，中国在棉花抗病育种领域进入了一个新阶段，育成了兼抗枯萎病、黄萎病，高产、中熟、中等纤维品质的中棉所 12，及兼抗枯萎病、黄萎病，丰产、中上等纤维品质的 86–6、冀棉 14 等品种。棉花杂种优势利用也取得一定进展，育成一些陆地棉品种间优良杂交组合。

第六次换种始于 1989 年，主要以抗病品种代替感病品种，并为发展麦棉两熟而培育了短季棉品种。

第七次换种始于 1993 年，主要以转基因抗棉铃虫品种代替常规不

陆地棉叶片差异较大的品种

（左侧为鸡脚棉，右侧为常见的阔叶棉）

抗虫品种，并开始通过生物技术手段培育抗棉蚜、抗除草剂、抗病等优质多抗品种。

## 二、新疆棉花品种特点

新疆距离海洋较远，境内有世界第二大流动沙漠——塔克拉玛干沙漠，属于干旱和半干旱地区；其日照时间充足（年日照时间 2500 ~ 3500 小时），气候干燥，温差较大，有“早穿皮袄午穿纱，围着火炉吃西瓜”之说。相对于另外两个棉区（黄河流域、长江流域），新疆降水量少，年平均降水量仅为 150 毫米，只有全国年平均降水量的 23%。

依据光热资源、灌溉水源、地形地貌等情况，新疆棉花主要生产区分为北疆棉区、东疆棉区和南疆棉区，棉花品种在不同生产区也有较大差异。

南疆棉区包括阿克苏、喀什、和田，属于暖温带，积温 3400 ~ 4500℃，≥ 10℃的持续期 171 ~ 218 天。棉花品种以中熟棉为主，株型多为塔形，具有茎秆坚韧抗倒伏、抗逆、通透等特点，通常是 4 月中上旬开始播种，8 月中旬棉花开始吐絮，全生育期（从出苗到吐絮的时间）为 130 天左右。

北疆棉区主要在准噶尔盆地，属于中温带，积温 1600 ~ 3400℃，≥ 10℃的持续期 100 ~ 171 天，品种均具备早熟、抗倒伏、株型紧凑、含絮力好、吐絮集中等特点，一般 4 月下旬开始播种，8 月底至 9 月初棉花开始吐絮，全生育期为 120 天左右。

东疆棉区以哈密和吐鲁番为主要区域，位于天山南部，相对于北疆棉区，水热条件优渥，种植的为早熟或中熟品种，有抗旱、耐高温等特点，全生育期为135天左右。

由于新疆棉花种植面积较广，种植区地势较为复杂，在戈壁滩和枯萎病、黄萎病频发的地区，需要种植生命力顽强、耐旱耐高温和抗枯萎病、黄萎病的棉花品种。另外，为适宜规模化机械作业，棉花品种须具备整齐度好、易采收、易脱叶、吐絮集中等特性。

## 三、优质多抗棉的培育

由于新疆独特的自然地理条件，新疆棉区枯萎病、黄萎病和高温干旱危害严重，培育优质多抗的棉花品种是新疆棉区的迫切需求。而培育出优质多抗的棉花品种，打破优质棉长期依赖进口的局面是以中国工程院院士张献龙为代表的中国育种科技工作者的梦想。

张献龙自1992年开始就为选育优质棉花品种而努力。当时，中国的育种体系还不完善，在一张仅仅1.5平方米的试验台上，不到30岁的张献龙仅带着一名学生，开始了棉花育种工作的艰难探索。他们通过对300多个棉花品种的系统测试、筛选，获得了具有高效再生和高转化效率的陆地棉种质“YZ-1”，并获得了转基因方法专利。这是迄今再生最快和转基因效率最高的陆地棉种质，已被广泛用于世界棉花基础研究和生物技术研究。

此后，张献龙带领团队率先绘制陆地棉和海岛棉参考基因组，解析出棉花遗传资源的演化规律，为开展精准设计育种提供了“路标”。他联合新疆农垦科学院、石河子大学等单位，历时15年，研发了1000余份优质多抗材料，通过聚合杂交和优质抗旱标记辅助选择，培育出金垦1161、新825等10个多抗机采棉品种，培育出的育种材料被新疆育种单位采用，已累计推广1000多万亩，科学地解决了新疆棉花品

张献龙院士在新疆棉田察看棉花长势

种高产、优质、抗旱协同改良的问题。

## 四、早熟棉的现世

新疆无霜期短，春季易发生倒春寒，秋季也有提前降温的现象，因此，培育早熟棉品种对于新疆棉花产业发展意义重大。中国工程院院士喻树讯是中国早熟棉育种专家的代表之一。为解决“粮棉争地”问题，他带领团队经过多年研究，率先培育早熟棉新品种中棉所 10 号。其全生育期从原来的 140 天缩短为 110 天，使中国北方麦棉两熟新耕作制度成为现实。在 20 世纪 80 年代后期，喻树迅带领团队针对棉花早熟性状与抗病性、高产优质成负相关关系的问题，经过联合攻关，育成高抗、早熟、高产的短季棉品种中棉所 16 号，成为中国 20 世纪 90

年代的当家品种。

喻树迅院士检查早熟棉的品质

随着中国植棉区逐渐向新疆转移，喻树迅带领团队结合新疆气候和生产现状，选育出了适宜新疆棉区种植的中棉所 24 号、中棉所 27 号和中棉所 36 号等早熟系列品种。这些品种早熟不早衰、青枝绿叶吐白絮、优质高产多抗病，解决了新疆棉区由于气温原因造成的棉纤维强力下降、品质差等重大科技问题，为中国发展优质棉和集约化高效农业提供了技术保障。

同时，喻树迅带领团队借助海南“天然大温室”的有利条件，培育出吐絮集中并耐旱、耐盐、耐低温的早熟棉新品系。该品系可在新疆实现晚播，避过新疆早春和早秋低温。无膜棉为棉花绿色种植提供了新途径，在南疆部分地区初步实现了棉花的无膜种植。

## 五、长绒棉的诞生

长绒棉，也称海岛棉，品质优良，纤维柔长，被誉为“棉中极品”。出口的高附加值服装、高端色织等优质产品，均需使用以长绒棉为主要原料制成的纱线。

20 世纪 50 年代，为了减少长绒棉进口量，发展本国的植棉业，中国决定在自然条件适宜的塔里木垦区（属南疆阿克苏植棉区）试种长绒棉。这个任务落到了青年农技人员陈顺理身上。1953 年，陈顺理试种成功了农业部提供的苏联长绒棉品种“莱特福阿金”种子，但因晚熟和纤维质量不达标而未能推广。1955 年，陈顺理试种了从苏联引进的长绒棉品种“2 依 3”，籽棉亩产达到 98 千克，纤维品质的多项指标达标，在上海试纺也颇受好评。至此，“塔里木不能种长绒棉”的断言被彻底打破。1955 年，陈顺理以“2 依 3”品种为样本选择早熟、丰产的优异单株，经过 4 年的连续选择，于 1959 年培育出了中国第一个适应塔里木垦区种植的零式分枝长绒棉新品种“胜利 1 号”。至此，中国第一个长绒棉品种诞生了！

中国第一个长绒棉品种“胜利 1 号”

1963 年，陈顺理从“9122 依”的繁殖群体中发现了一株天然变异株，4 年后，选育出丰产、早熟、纤维细度都符合要求，强度达到苏联优良品种“司 6022”水平的新品种“军海 1 号”。1971—1985 年，“军海 1 号”成为塔里木垦区长绒棉的主栽品种。1976—1985 年，累计推广面积达到 374 万亩，创造经济效益 4.3 亿元以上。20 世纪 80 年代，“军海 1 号”的原棉远销日本、东欧和东南亚。从 1978 年开始，陈顺理用 3 年时间将“军海 1 号”提纯复壮，选育了一大批长绒棉新

“中国长绒棉之父”陈顺理

品种，为长绒棉育种提供了丰富的种质资源。

古代有夏禹治水“三过家门而不入”，今有陈顺理为进行棉花育种有家乡而不归。陈顺理是湖南人，其妻子是北京人。为了在新疆进行棉花育种，陈顺理很少回老家，其间多次去北京开会，也没有时间去岳父岳母家拜访，每次出差回来也是先到试验地检查棉花生长状况后再回家。由于在长绒棉育种方面的开创性贡献和突出成就，陈顺理被誉为“中国长绒棉之父”。

## 第五章

# 落云铃发千千缕——新疆棉花生长过程

作物会经历孕育种子、种子萌发、植株生长、开花结果的轮回，棉花也不例外。新疆棉花在适宜生长的 120 ~ 130 天内，根据温度、气候等，有条不紊地生长——出苗、现蕾、开花、结铃、吐絮，各个生育阶段有序推进。有意思的是，棉花有无限生长的习性，因此，其长叶、长个儿和开花结铃有很长的重合期。

## 一、五月棉花秀——从种到蕾

冰雪融化，草木萌发，百花次第开放，随后转入炎热的夏季，这是植物孕育果实的时期。新疆的春天很短，3 月中下旬冰雪才能完全融化，因此从 4 月开始，棉花才开始被种到地里。棉花的一生会经历选种、播种、出苗、现蕾、开花、子房发育、吐絮七个阶段，其中，选种是种（zhǒng），播种是种（zhòng），出苗至现蕾是苗，现蕾至开花是孕，开花至吐絮是育。

## 1. 种（zhǒng）

种子乃生物传代繁衍的物质。棉籽轧去纤维后就剩下了表面覆盖着短绒的种子，称为毛籽；再经热的浓硫酸脱掉毛籽短绒的种子，称为光籽。光籽种皮为棕黑色，皮厚而坚硬。棉花毛籽在第二年的发芽率最高，因此，常使用隔一年的棉花种子用于生产。在市场上可以购买到的棉花种子，颜色通常有紫色、绿色、深红色，这类种子叫包衣种子，是将种衣剂均匀地包裹在种子表面，形成一层膜衣，起到消毒杀菌和促进发芽的作用。

棉花的种子

（后三张图片为经种衣剂处理过的棉花种子）

## 2. 种（zhòng）

俗话说“七分种，三分管”，种是关键和基础，是生产条件和生产力水平的综合体现。“有地不愁苗，有苗不愁长”，整地质量好、播种要求高，出苗率就能够达到 90% 以上，起到事半功倍的效果。新疆棉花按机械化生产需求，土地平整须达到“墒、平、松、碎、净、齐”六字要求，为棉花种子提供一个平整、疏松的生长环境。新疆先进的精量播种技术可将铺滴灌带、铺膜、打孔、点播、覆土、镇压等作业一次完成，准确控制播种深度为 2 ～ 3 厘米，实现一播全苗。

新疆棉花的合理密植充分挖掘和利用了新疆独特的光热资源，创造了“小个体、大群体”的效益，这是新疆棉花实现优质高产的创新技术。种植密度通过株行距来调节，株行距配置有宽窄行和等行距两种模式。宽窄行模式采用“66+10+66+10+66+10”种植方式，一条地膜种植 6 行棉花；等行距模式采用“76+76+76”种植方式，一条地膜种植 3 行棉花。其中，“66”表示宽行的棉花行距为 66 厘米，“10”表示窄行的棉花行距为 10 厘米，“76”表示棉花的行距为 76 厘米。根据种植方式，新疆棉花一般播种密度为 12000 ~ 19000 株 / 亩。

### 3. 苗

农谚云：“棉花棉花，精耕细作似绣花。”出苗是棉花在其生命周期中最脆弱的一个阶段。棉籽在适宜条件下吸水膨胀，子叶贮藏的营养物质分解，供胚细胞分化生长利用。胚根从胚珠珠孔伸出时，称为萌动（露白）；胚根长达种子长度一半时，称为发芽。棉籽发芽后，胚根向下生长形成主根，胚轴伸长把子叶和胚芽推出地面，子叶脱壳出土并展开，称为出苗。

幼苗出土过程中胚轴弯曲且子叶肥大，顶土能力弱。整地质量高则子叶易脱壳出土，完全展平转绿。但幼苗“戴钢盔”破土也年年发生，子叶被禁锢在壳里，影响叶片光合作用，致使出现大小苗。如何让棉苗“脱帽”顶土？顶端弯钩是幼苗的一种特殊形态，出土前子叶与下胚轴连接处形成一个类似“钩子”的结构，即弯钩，在种子萌发出土时起到重要的保护作用，有利于幼苗及时出土并脱掉种壳。要形成这种特殊的顶端弯钩，棉花单粒精播是关键。该技术采用一穴一粒的播种方法，是实现一播全苗、壮苗的核心技术，能够达到出苗早、全、齐、匀、壮的“五苗”要求。

"戴钢盔"出苗

子叶脱壳出苗

出土后棉花子叶的颜色变化

（个别棉花种质资源）

符合早、全、齐、匀、壮"五苗"要求的幼苗

棉花叶子可分为子叶、先出叶、真叶。子叶为肾形，两片对生，或绿色，或披白色蜡质，是3片真叶前的主要光合器官，存活50～60天；子叶脱落后，遗留对生的子叶节可作为株高测定的起始点。真叶包括3种形态：植株第一片真叶为全缘；第二片略现缺刻；第三片掌状裂片，一般有3～5个裂片，根据裂片缺刻深浅，有掌状叶、鸡脚叶、超鸡脚叶、线性叶，颜色有绿色、翠绿色、石灰绿色、红色、淡黄色、酒红色、粉色等。子叶颜色亦会由酒红色转变为绿色。主茎叶呈螺旋形互生，叶序为3/8螺旋式，即8片真叶绕主茎3周，第九片叶和第一片叶上下对应。

棉花真叶的三种形态

不同形态和颜色的棉花真叶

### 4. 孕

孕指花芽原基的出现，预示棉铃新生命的开启。花芽分化后期，肉眼清晰可见直径近 3 毫米的幼蕾三角形苞叶，即为现蕾。棉铃“孕”期是从现蕾到开花经历的时间，一般为 25 ~ 30 天，正如谚语所云：“有蕾见花二十八。”蕾由小到大，外观个性突出，有大头针、火柴头、蜡烛等形状。苞叶呈不规则锯齿状，一般有 3 片，花萼紧密包裹着幼蕾。现蕾后，花器各部分发育成熟，即行开花。

棉花的现蕾与开花过程

（第一行为蕾的外部形态，第二行为第一行相对应的去掉苞叶后的内部结构）

## 二、不恋虚名列夏花——花期

棉株的一朵花从开放到脱落，一般为 2 ~ 3 天。开花前一天下午花冠急剧伸长，伸出苞片外。花朵开放后，一般第一天为白色或淡黄色，随着时间的推移，通常会在第二天变为粉红色，然后在第三天变为紫色，最后逐渐凋谢。这种颜色的变化不仅是一个自然界的奇观，也是植物学家研究的一个有趣课题，对于植物吸引传粉昆虫有重要的生态学意义。

棉花花朵的颜色

为什么棉花的花朵颜色会发生变化呢？这主要是由花瓣中色素含量的变化引起的。开花初期，花瓣中主要含有白色或淡黄色的色素。随着花朵的成熟，花瓣内的花色苷浓度逐渐增加，这些花色苷在酸性环境中会变红，而在碱性环境中则表现为蓝色。在开花过程中，花瓣的内部酸碱值发生变化，导致花色苷颜色的改变，这就是棉花花朵由白色或淡黄色变粉红色，再变成紫色的原因。

同时，科学家们对棉花花瓣颜色变化背后的分子机制进行了深入研究。他们发现，影响花瓣颜色变化的因素很多，包括基因表达调控、酶的活性变化、酸碱值的微调以及环境因素等。在基因层面，科研人员已经鉴定了多个与花色形成相关的基因，如花色苷合成途径中的关键基因。这些基因的表达水平与花瓣颜色的变化密切相关。研究人员已经找到一个花瓣基斑形成的关键基因，利用该基因恢复陆地棉花瓣基斑性状后，就仿佛给花瓣重新“上妆”，可以显著提升传粉昆虫到访率，并提高三系杂交种的产量。除了遗传因素，环境因素（如温度、日照、水分等）也会影响棉花花瓣颜色的变化。研究表明，较低的温度和较强的日照条件有利于花色苷的合成，从而使花瓣颜色更加鲜艳。

由于棉株上花蕾绽放的时间并不相同，可以想象一下，在一棵棉株上挂着五颜六色的棉花花朵，白色、黄色、红色、紫色。这种变化不仅展示了棉花的生物学特性，也为棉田景观增添了丰富的色彩。

## 三、蜜花凋零结绿桃——铃期

谚语云:“花见花，四十八。”这指的是从开花到棉铃吐絮所经历的时间（棉花铃期）平均为 48 天。当花朵变成灰褐色时，棉花的花朵算是完成自己的任务了，然后从子房上脱落，完成受精的胚珠会继续发育形成种子——棉籽。胚珠表皮细胞经分化发育后形成棉纤维，而子房部分则继续发育形成果实——棉铃。棉铃从开始发育到成熟需要 45 ~ 60 天，可分为体积增大期、充实期和脱水成熟期三个阶段。

棉铃体积增大期的生育特点是“变大变长但不重”，即纤维逐渐变长，到开花后 20 ~ 30 天，棉铃体积和纤维长度基本定型，但纤维和棉籽的重量仍较轻，仅占成熟棉铃总重量的 20% ~ 40%。在体积增大期，棉铃富含蛋白质和可溶性糖，幼嫩多汁。在由轻变重阶段，棉铃的特点是“一转一沉又变重”，持续 25 ~ 30 天。“一转”指贮藏于棉铃的可溶性糖转化成纤维素，纤维和棉籽重量急剧增加。“一沉”指纤维素沉积在纤维细胞壁内侧，一天沉积一层，呈轮纹状层次，形成纤维日轮。棉纤维的发育阶段与棉铃基本相同，分为纤维伸长期、次生壁细胞增厚期和脱水转曲期三个阶段。棉铃和棉纤维的三个发育阶段基本对应，虽有先后顺序，但并不是截然分开的，而是前后两个阶段有一个并进的过程。

### 1. 棉铃的形态结构

棉铃是棉花的果实，在植物学上属于蒴果。棉铃的外部可分为铃尖、铃肩和铃基部。棉铃各室顶端聚合处为铃尖，铃尖之下为铃肩，其余为铃基部。根据这三个部分的形状，棉铃可分为圆球形、卵圆形和椭圆形等多种铃形。

生长过程中的棉铃形态

（第一行为从花冠凋谢到棉铃发育的棉铃形态，第二行为去掉苞叶的棉铃形态，第三行为去掉铃壳的棉铃及其横切面）

棉铃（含铃壳和苞叶）在幼龄期因含有叶绿素而呈绿色，可以进行光合作用，也富含类胡萝卜素，吸收蓝紫光，可以对叶绿素捕获光能进行补充。到了棉花生长后期，棉铃的铃壳和苞叶的光合酶活性与光合放氧能力相对于叶片下降较慢，二氧化碳同化率相对提高。在盛花期，棉铃的光合贡献率为 4% 左右，而在盛铃期，棉铃的光合贡献率可达 20%。因此，棉铃作为非叶器官，在棉花的生长发育过程中对光合作用的贡献不容忽视。棉铃成熟后逐渐转为红褐色，主要功能是保护纤维和种子。

## 2. 棉纤维的形态结构

在棉花铃期，受精后胚珠的表皮细胞伸长加厚而形成棉纤维。一个细胞长成一根纤维，它的一端着生于棉籽表面，另一端呈封闭状。着生于棉籽表面的一端为开口的管状体，由基部、中部和顶端三部分组成。基部是表皮细胞的一部分，细胞壁较薄，其胫稍向内凹。中部为纤维主体部分，细胞壁较厚，内有中腔，外观有左旋或右旋的转曲，直径较宽。

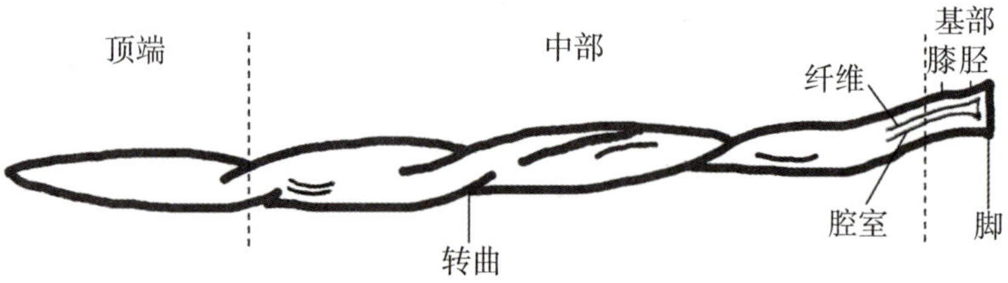


棉纤维的形态结构

棉纤维的生长可以分为伸长期、次生壁细胞增厚期和脱水转曲期三个阶段。吐絮期是棉花主要的转曲期，棉铃开裂前，棉纤维内含有较多水分，不出现转曲；只有当棉纤维所含水分干涸以后，螺旋排列的微原纤才会在内应力的作用下形成转曲。另外，棉纤维顶端尖实，占单纤维长度的1/3，无转曲。天然转曲越多的棉纤维品质越好。干燥的成熟棉纤维中，纤维素含量可达95%，是自然界中纯度极高的纤维素资源。一般正常成熟的棉纤维转曲最多，未成熟的棉纤维转曲很少，过成熟棉纤维转曲也少。不同品种的棉纤维转曲数也有差异，细绒棉的纤维转曲较长绒棉的少。棉纤维的转曲沿纤维长度方向不断改变转向，时而左旋，时而右旋，这种现象称为转曲的反向。单位长度中反向次数多的棉纤维强度较低。

## 四、洁身碧野布云霞——吐絮期

### 1. 棉铃吐絮的条件

温度条件：棉花裂铃吐絮所要求的最低温度为 15℃，当日平均气温低于 15℃时，棉纤维不能生长，最适温度为 20 ~ 30℃，最高温度为 35℃。当日平均气温降至 10℃以下，最低气温为 –1℃时，棉株将停止生长；最低气温为 –3 ~ –1℃时，棉株会被冻死。气温的高低也影响着棉铃吐絮的速度。当日平均气温为 25 ~ 30℃时，棉铃经过 50 天左右的生长发育便可以吐絮；当日平均气温为 20 ~ 24℃时，棉铃经过 60 ~ 70 天才能吐絮；低于 20℃时，棉铃吐絮所需时间更长；当日平均气温低于 5℃或出现霜冻天气时，未成熟的棉铃将形成僵瓣，已成熟的棉铃色不能正常吐絮。

水分条件：棉铃吐絮以后，棉株虽然较大，但由于气温逐渐下降，棉花生长基本停止，对水分的需求也逐渐减少，此阶段需水量占总需水量的 10% ~ 20%，土壤含水量以田间最大持水量的 55% ~ 70% 为宜。如果水分过多，棉花贪青晚熟，会增加霜后花，引起烂铃，使纤维品质和产量降低；若水分不足，棉花在有效的生育期内会过早地

棉铃烂铃

停止光合作用，比正常棉株更早衰老，叶片变黄脱落，中下部棉铃生长受到抑制，提前开铃，铃重减轻，同时使上部幼铃停止生长，降低了纤维品质和产量。

日照条件：吐絮期是棉花进一步成熟、脱水开裂阶段，需要充足的日照。晴天多、温度高，则棉铃成熟快，纤维品质好。

### 2. 棉铃吐絮的特点

棉花经历种子萌发、现蕾、开花、结铃，在 8 月中下旬迎来吐絮期，棉株第一个棉铃的铃壳正常开裂见絮为吐絮，棉铃从开始吐絮到收花结束为吐絮期，约 70 天，9 月为吐絮盛期，10 月中下旬到 11 月初基本收花完毕，南疆棉铃吐絮时间要早于北疆。如管理不当，会出现棉花下部开始吐絮而上部仍然开花的现象。

开裂及完全吐絮的棉铃

下部已经吐絮，上部仍在开花的棉花植株

棉铃吐絮是因为棉铃成熟时会加速脱水，其内部释放的乙烯量达到高峰，此时，铃内棉纤维逐渐失水，铃壳也逐渐干燥收缩，并沿着缝隙开裂。从开始开裂到充分吐絮一般需要 5 ～ 7 天。根据品种的不同，棉铃开裂一般为 3 ～ 5 瓣。每瓣棉花中，一般有 9 粒棉籽。有研究表明，5 瓣的棉花产量最高。

3 瓣

4 瓣

5 瓣

棉花的分瓣

## 3. 棉花的颜色

因基因不同，棉花花絮的颜色有很多种。白棉花之外的其他颜色的棉花被称为天然彩色棉，如棕色、绿色、蓝色、红色棉花等。天然彩色棉纤维色素的形成和积累与色素合成酶基因在纤维细胞中的特异性表达有关。在纤维伸长期，天然彩色棉纤维色素与白棉花一样，均为纯白色。当进入纤维的次生壁细胞增厚期，天然彩色棉逐渐显现出很淡的色素，纤维充分成熟（即吐絮期）时颜色达到最深程度，形成彩色棉。

苏联于 20 世纪 50 年代初就开始研究彩色棉。美国从 20 世纪 60 年代加入研究彩色棉的行列。世界上研究彩色棉种植的国家主要有中国、美国、埃及、阿根廷、印度等，主要研究颜色有棕、绿、红、鸭蛋青、蓝、黑，主要研究手段是从自然界中寻找自上古繁衍至今的彩色棉活体作为亲本进行驯化、改良，同时运用转基因技术、航天育种

棕棉

绿棉

天然彩色棉

技术等高科技手段进行新品种的培育。

中国曾种植过一种紫蓝色的野生棉。20 世纪 70 年代，河南、安徽等地也少量种植过彩色棉用于研究。彩色棉在中国的正式大规模研究种植是在 20 世纪 90 年代。

中国彩色棉的研究与开发虽起步较迟，但发展很快。在全球注册的 12 个彩色棉品种中，中国拥有 8 个，并且完成了蓝、红、黑彩色棉三个新品系的培育。

中国已成为世界上最大的天然彩色棉生产国，彩色棉产业已成为中国棉纺织行业最具有竞争力的新的增长点。彩色棉种植遍布新疆、甘肃、湖北、湖南、安徽、四川、山西、浙江等宜棉产区。新疆天然彩色棉主要为棕色和绿色，产量占中国彩色棉总产量的 95%，占世界彩色棉总产量的 50% 左右，已成为目前中国乃至世界重要的天然彩色棉生产加工与供应基地。

## 第六章

# 秋来何处不丰收——新疆棉花生产管理

新疆棉花生产具有规模化与机械化程度高、现代化水平高等特征，棉花种植技术与创新能力全国领先，已形成以良种选育、精量播种、膜下滴灌、水肥运筹、全程机械化为核心的棉花高效生产技术体系，构建了棉花全程机械化生产模式，引领了全国棉花生产机械化发展，成为保障国家棉花安全的重要力量。

## 一、精量播种

随着天气变暖、气温回升，新疆棉花由南向北陆续播种。在一望无际的棉田里，棉花播种机机声不断，开沟、下种、铺膜、覆土一气呵成，粒粒棉花种子被埋入土壤中，天山南北一片春耕大忙的景象，这是新疆独有的震撼场景。

当然，新疆棉花播种技术从早期的人工播种发展到现在的机器精量播种，离不开新疆科技工作者的长期实践。其中，石河子大学的陈学庚院士对新疆棉花精量播种与全程机械装备研究及大面积推广应用

20 世纪 90 年代人工选种、播种棉花

机械化播种棉花

作出了重大贡献。他扎根边疆，从事农机研究和推广工作 50 余年，攻克了膜下滴灌、精量播种技术装备难题；研发的棉花全程机械化关键技术与机具，在新疆、山东、河北等棉区大面积示范推广；主导的 3 项技术创新，改变了传统的植棉模式，用机械化方式实现棉花生产种植的精耕细作，推动了新疆棉花生产水平大幅度提升。

20 世纪 80 年代以前，新疆棉花生产的总体水平较低。1979 年，石河子垦区引进地膜覆盖技术，在 7.5 亩地内试验种植棉花，结果增产 35%。但人工铺膜一天只能铺 4 分地。铺膜后，要靠人工在地膜上点种，进度慢、劳动强度大。

看到工人铺膜时的辛苦，陈学庚心疼不已。随后，陈学庚带领团队继续加大力度改进铺膜播种机具，最终成功研制出可实现膜上打孔穴播的铺膜播种机，日工效 120 ~ 150 亩。在这段时期，新疆地膜植棉机械化推广面积达 6890 万亩，皮棉平均亩产也由 1982 年的 38.6 千克提高到 1994 年的 82 千克，地膜植棉机械化推动了新疆棉花产业规模第一次提升。这项成果获 1995 年度国家科学技术进步奖一等奖。

20 世纪 90 年代后期，新疆棉花种植又遇到瓶颈，亩播种量 4 ~ 6 千克，大水漫灌，肥料利用率不到 30%，加之人工成本高，利润更薄了。“每年 4—5 月的定苗期，全员定苗，棉花地里人山人海。”陈学庚看到大家的困扰，就开始琢磨定苗问题。

看场地、采数据，陈学庚带领团队成功研制一次作业完成 8 道工序的膜下滴灌精量播种机，形成 11 个系列新产品。很快，滴灌精量播种机在南北疆打开了局面，2014 年，新疆棉花亩产已提升为 155.7 千克，播种技术与装备的创新促成新疆棉花产业规模的第二次提升，新疆成为中国最大的棉花生产基地。随后几年，棉花种植全程机械化的生产局面在新疆形成。

陈学庚院士（左）与同事在研究农机

在棉花机具推广的同时，陈学庚团队成功开发出玉米、

陈学庚院士在测量农机配件尺寸

甜菜、花生及水稻等作物的滴灌精量播种机，这项成果获得2008年度国家科学技术进步奖二等奖，已在全国多个省份大量推广。

2014年4月29日，对陈学庚来说，这是毕生难忘的一天。当天，习近平总书记来到六师共青团农场新疆银丰现代农业装备股份有限公司考察。在农机停放点，翻犁机、播种机、喷药机、采棉机等一台台现代化农业机械整齐地排列着，习总书记边走边看。走到由陈学庚研制的大型精量播种机前，习总书记看得十分仔细。陈学庚向习总书记介绍了机械的性能。得知该农机的性能、技术达到国际领先水平时，习总书记非常高兴。陈学庚向习总书记汇报："我学历很低，是四年制中专毕业生。"习总书记称赞陈学庚很不简单。

广阔的棉田里，搭载着高精度导航系统的自动驾驶精量播种机正在笔直地行驶着，覆膜、铺设滴灌带、下种、覆土一次性完成，每千米直线误差不超过2厘米。与传统播种方式相比，不仅节约棉种，还提高了土地利用率，方便棉苗长大后进行全程机械化田间管理和机械化采收。

以陈学庚为代表的新疆科研工作者以扎实精深的专业知识和开拓创新的实干精神，为新疆乃至全国的农业机械化发展作出了卓越贡献，以实际行动诠释了科研工作者的使命与担当。

## 二、滴灌水肥一体化

新疆地处中国西北部，属于典型的干旱半干旱区，气温温差较大，日照时间长，年降水量少且分布不均匀，土地多为沙漠和戈壁，土壤基础肥力较低。这些特殊的自然条件使得新疆的水资源十分珍贵。在滴灌水肥一体化技术普及之前，新疆的棉花生产主要依赖大水漫灌和沟渠灌溉等传统灌溉方法，这些方法需要大量的水，且存在水分分布不均匀导致棉花生长不一致等问题。由于新疆地区水资源较为匮乏且地形复杂，部分区域沟渠建设难度较大，传统灌溉方法的实施受到限制，因此在新疆大田棉花栽培管理中，传统的高耗水灌溉施肥方式并

新疆绿色机械化地膜嫩芽滴灌自动化

常规耕作棉花 8 ~ 10 叶期畦灌

不适用。

同时，传统的撒施肥料的方式也存在诸多问题，如肥料利用率低，肥料无法均匀分布到作物的根系区，部分肥料被雨水冲刷掉或随水流失，这样不仅浪费了肥料资源，还对生态环境造成污染；传统的施肥方法也难以根据作物的实际需要进行精准调整。此外，新疆地区地广人稀，劳动力缺乏，这在一定程度上影响了传统人力施肥方式的应用。

总体而言，传统的灌溉和施肥方式存在资源利用率低、劳动强度高、水分和肥料分布不均等问题。这不仅增加了农民的生产成本，也可能对环境造成负面影响，如地下水污染和土壤盐渍化等问题；而且，施肥和灌溉往往是分开进行的，农民首先会根据作物的生长需求和土壤条件来确定施肥的种类和数量，然后通过上述施肥方式进行施肥，再根据天气和土壤墒情来决定是否进行灌溉。这种施肥和灌溉分开进行的方式不但效率低下，而且难以精确控制水肥的用量和时机，从而影响作物的生长和产量。

滴灌水肥一体化技术是将灌溉与施肥融为一体的农业新技术，又称为灌溉施肥。它借助压力灌溉系统，将肥料配兑成肥液，在灌溉的同时将肥料输送到作物根部土壤，适时适量地满足作物对水分养分的需求。滴灌水肥一体化技术具有节水、节肥、节能、灌溉均匀和降低污染的特点，其推广应用能够产生较好的经济生态效益。

在滴灌水肥一体化技术的研究和应用中，以尹飞虎为代表的科研工作者作出了巨大贡献。1972 年，18 岁的尹飞虎放弃了在机关单位和学校工作的机会，来到新疆生产建设兵团，在考察当地农耕面临的难题时发现，缺水和土壤盐碱含量高导致当地作物产量低下。为了解决这些问题，他们尝试种植小麦、玉米和棉花等耐旱作物，然而土壤盐分升高时，只能用大水压盐，这又加剧了水资源短缺的问题。经过

尹飞虎院士在田间检查灌溉管道

不断探索，他带领团队成功实现滴灌设备的国产化和滴灌技术的本地化，滴灌成本降低至每亩 400 元左右，使滴灌技术在新疆广泛应用成为可能。同时，为解决耕层土壤盐分上升的问题，尹飞虎带领团队不断对灌溉系统进行调整和优化，研发了滴灌农田土壤盐渍化灌排协同防控技术，使地下盐分下降了 3.1% ~ 7.3%，有效控制和降低了滴灌田地的土壤盐分积聚。

尹飞虎还着力于实现滴灌水肥一体化，以提高施肥效率，在节水的同时又增产增效。他带领团队研发了新型全溶性喷滴灌专用固态复合肥，可以有效溶解在水中，随着滴灌带滴入作物根部，实现水肥同施。

如今，新疆的滴灌水肥一体化技术已经处于国际领先地位。其精准、高效的特性不仅大幅度提升了棉花生产的产量和品质，还减少了水分和肥料资源的浪费，具有显著的生态和经济效益。这一技术的成功推广应用不仅是新疆农业发展的一个重要里程碑，也是推动全球干旱地区农业发展的关键。

## 三、机械化植保

在棉花生长发育过程中除了必要的水分养分供给外，还需要进行植物保护措施以防止病虫草害的侵扰。常见的棉花病害包括立枯病、炭疽病、枯萎病、黄萎病等，棉花虫害包括棉铃虫、棉蚜、红蜘蛛、棉盲蝽等，棉田杂草主要包括禾本科杂草马唐和芦苇、阔叶杂草艾蒿和灰绿藜。这些病虫草害影响棉花的产量和品质，对棉农的经济收益造成严重影响。因此，防治病虫草害是农业生产顺利进行的可靠保证，是保证作物产量和品质的重要工作。

立枯病

炭疽病

枯萎病

黄萎病

棉铃虫

棉蚜

红蜘蛛

棉盲蝽

马唐

芦苇

艾蒿

灰绿藜

常见的棉花病虫草害

棉花植保作业主要就是针对农作物生长过程中的病害、虫害以及草害进行防治，作业的方式多通过植保机械进行药物喷施。过去，棉花种植时对于病虫害的防治与管理工作主要是由人工完成的，虽然有良好的防治效果，但棉农们需要消耗大量的人力、物力和财力，并且无法大面积实现良好的病虫害防治效果。

说到棉花植保，就不得不提到中国工程院院士吴孔明。20 世纪 90 年代初，中国棉铃虫种群连年暴发成灾，其严重影响和损失的程度在近代世界农业史上也属罕见。吴孔明知难而上，通过 10 多年深入研究，研发了苏云金芽孢杆菌（Bt）棉花，它是一种具有 Bt 杀虫能力的转基因棉花，可以自己生成杀虫剂，促进了昆虫天敌回归，为转基因棉花及周围的田野提供了有效的生物学虫害防治，从而为解决农作物病虫害提供了更好的长期解决方案，其成果作为封面论文发表在 2008 年的《科学》杂志上。

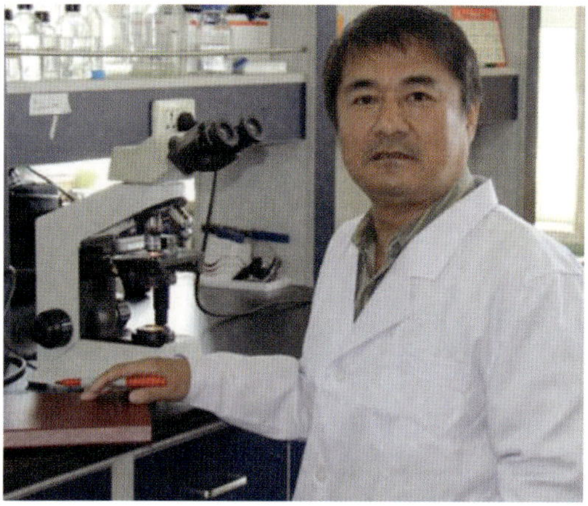

吴孔明院士在实验室

吴孔明院士的研究成果发表于《科学》杂志

Bt 棉花的大规模商业化种植破坏了棉铃虫多寄主转换的食物链，压缩了棉铃虫的生态位，不仅有效控制了棉铃虫对棉花的危害，而且高度抑制了棉铃虫在玉米、大豆、花生和蔬菜等其他作物田的发生与危害，吴孔明建立的棉铃虫监测预警技术体系在全国 14 个省份推广应用，对准确有效监控棉铃虫的突发危害发挥了重要作用。

随着农业机械化技术的不断发展，传统的人工喷施作业逐渐被植保机械作业所取代。机械化的药物喷施显著提高了药物喷施的均匀程度，降低了农药的残留和环境污染问题，并提升了植保作业的人员安全程度。中国对于机械化植保技术的研究起步较晚，随着农机技术的不断研发和进步，以及农业耕地规模化经营面积的不断增长，中大型植保机械得到了一定的普及与发展。中大型植保机械作为农业植保机械技术的代表，在国有农场和大型农机合作社的生产中发挥了巨大的作用，同时也展示了先进机械的特点与优势。然而，现阶段的植保机械虽在作业效率和作业质量上基本获得了农户的认可，但在实际使用中也存在可靠性不高、喷施质量不佳和破坏作物等问题。

植保无人机是实现农业无人化作业的重要机械之一。植保无人机喷施具有超细雾状、强渗透力、高均匀性、高效率等优势，可以满足不同地形农业生产需求，如适用于平原、梯田、山地、丘陵等多种地形农业生产模式，可以在规则或者不规则的地形、地势进行正常的农业植保生产，满足大田、种植大棚等多种类型的农业生产需求，适用范围广、作业效率高、经济效益好。

农业生产的机械化、便捷化、无人化、高效化是未来农业生产的方向，植保无人机因性能优异且作业高效正在逐步替代其他植保机械，帮助农民及时地完成各类农业生产作业。植保无人机作为重要的农业生产工具，正在不断攻关突破新技术、新问题，朝着智能、高端、安全的农机装备方向发展，以满足不同地区的农业生产需求，促进智能化、复合型农业机械的应用与推广，推进农业机械化全程全面发展。

植保无人机喷施农药

## 四、机械化采收

众所周知，以前新疆棉花是靠人工采收的，因此相比于种植，棉花采收的困难更大，每当棉花采收季，种植户就会到处找采收工，同时也为较高的人工成本发愁。这也让很多外地的农工到新疆参与采收，形成了特殊的群体，被称为“拾花工”。最初，每年约有 100 万名“拾花工”来到新疆。随着中国人民生活水平的不断提高，以及农业向高效生产方向发展的需求，机械化采收成为棉花采收的迫切需求。因此，通过采棉机的引进、吸收和再创新，尤其是伴随国产采棉机的上市，新疆棉花采收实现了高度机械化，再也不需要大量的“拾花工”。据新疆农业部门发布的 2023 年数据显示，新疆棉花机械采收率已超过 85%，“百万采棉大军进新疆”的场景一去不复返。

棉花采收机械化是一项系统工程，其关键在于化学脱叶催熟、机械采收环节，根据国外棉花采收机械化技术装备的要求，结合中国的棉花生产现状，必须从系统工程的高度全面改进和优化传统的棉花种植机械化过程，才能在生产中推广应用棉花采收机械化技术装备。过去 50 亩地人工采收要 2 个月，现在机械化采收 2 小时就可采完，效率和效益都大幅提升。

### 1. 脱叶

目前在新疆，棉花机械化采收配套技术较为成熟。喷施脱叶催熟剂是棉花机械化采收的重要前提，也是促使贪青晚熟棉田成熟的重要举措。它的原理是使用特定的化合物去抑制生长素功能的发挥，同时促进或者诱导产生乙烯，而乙烯具有促进成熟的作用，叶柄处的乙烯能够促进离层中纤维素酶的合成，最终达到让叶片脱落的目的。选择合适的脱叶催熟剂是保障棉花产量和质量的关键因素。棉花脱叶催熟

采棉机采收棉花

剂通常分为三类：干燥剂、脱叶剂和催熟剂。干燥剂可以引起植物细胞破裂，促进植株干枯、落叶。脱叶剂能够使棉花叶柄基部形成离层，促进叶片脱落，激素型脱叶剂的作用是刺激棉花产生乙烯或者抑制生长素的运输，以噻苯隆及其相关复配产品为代表。乙烯利作为催熟剂在棉花生产上得到了广泛的应用，它可直接促进棉株的乙烯生成，加快棉铃的发育并促进成熟，从而引起叶片脱落和棉铃开裂吐絮。乙烯利的催熟效果优于其对棉花的脱叶效果。乙烯利与脱叶剂混配使用，可以协同加快棉花叶片的脱落。

棉花脱叶催熟剂的施用时间对棉花产量和品质具有直接的影响。因此，确定棉花脱叶催熟剂的施用时机非常关键，需要均衡考虑产量和品质之间的关系。棉铃的吐絮率是确定棉花收获时间最常用的方法。吐絮棉铃分布均匀且达到 60% 时，进行脱叶催熟剂喷施对棉花产量和纤维品质的

喷施脱叶剂前的棉花

影响最小。如果棉花株型比较紧凑，成铃早而集中，吐絮率达到 40% 时，喷施脱叶催熟剂对棉花产量和纤维品质的影响较小。但吐絮率的测定需要耗费较多的人工成本，效率较低。

在实际生产中，脱叶催熟剂的喷施往往受到多种因素的影响，其中施药器械和施药技术具有很重要的作用。从最早的人工喷施，到喷杆喷雾机喷施，再到近年来发展迅速的植保无人机喷施，棉花脱叶催熟剂的施药效率在不断提高，对棉花的高产、稳产起到了重要的作用。

### 2. 采收

中国于 20 世纪 50 年代才开始进行机采棉的研究，进度较慢，也较少应用于生产实践。自 1996 年起，新疆生产建设兵团开始进行采棉机械的引进试验和科研开发，经过 5 年的试验、示范，机采棉的各项技术趋于成熟。从 2001 年开始，机采棉进入大面积推广阶段，当年机采面积达 1.88 万公顷，经过 20 多年的研究、试验、示范，随着技术的成熟、配套，新疆成为中国最主要的采棉机使用区域。2023 年，新疆投入近 7000 台采棉机开展机械化采收作业，机械化采收率由 2014 年的 35% 提升至 2023 年的 85% 以上，棉花生产综合效益稳步提升。

一般采棉机主要由采棉头、自走底盘、液压系统、驾驶室操作系统、风力输棉系统、棉箱、电子系统、淋润系统等结构组成。采棉头左面 2 组，右面 3 组，分别挂在采棉机前的人梁上，左右采棉头在工作过程中高度随地面的高低自动调整。每组采棉头有 2 组采摘装置前后排列，提高了棉花的采净率。每个采棉头装有报警装置，驾驶员可以通过驾驶室的监控系统及时发现有故障的采棉头以及部位。

棉花脱叶后机械化采收

棉花脱叶率达到85%，吐絮率达到95%，即可进行机械采收。采棉机的行走速度应根据棉花的高矮、疏密及地面情况及时调整，一般控制在4～5.5千米/时。当遇到低矮棉花(株高低于50厘米)时，作业速度要放慢，速度不能超过3.84千米/时；如果速度过快，下部棉花很容易漏采。

2015年以前，新疆采棉机大多依靠进口，但价格偏高、维护保养难度大，致使采棉作业成本较高。为了降低成本，中国致力于打造具有自主知识产权的国产采棉机。钵施然、铁建重工、天鹅、现代农装等多家国内企业通过自主创新，攻克了包括采棉机自动控制系统在内的多项“卡脖子”技术，制造出了物美价廉的国产高端采棉机，并逐步进军新疆市场，赢得了棉农的认可。

世界棉花看中国，中国棉花看新疆。如今的新疆棉花生产已经进入高科技时代，现代信息技术、遥感技术、机械制造技术等都被运用到棉花生产作业中。科学利用良好的生产条件和现代化装备，可在实现棉产增量的同时保证棉花质优，生产过程节本、便捷、高效，在市场竞争中可持续健康发展。

当然，棉花产业链所带来的巨大利润才是新疆棉花产业真正的底气。从棉田播种、施肥到收获采摘，从捻纱纺线到量体裁衣，加工和贸易让棉花的价值层层递增。目前，新疆棉花已经建立起一条完善的产业链，以其独特的优势，在世界经济市场上占有一席之地。

# 第七章

# 似雪蓬松柔万家——棉花去哪儿了

棉花是重要的生产生活物资，棉纤维可用来纺织，制成舒适的棉衣和暖和的被子，还可制成医用脱脂药棉和各种高级纸张、口罩等日用品。棉花纤维素分子中有许多活泼的羟基，能与许多其他化学试剂的分子“联姻”，形成各种纤维素制品，如铜氨纤维素可用于制作内衣、运动服、智能服装、电子设备等；粘胶纤维素可做人造丝、医用敷料、手术衣等医疗用品；醋酸纤维素可制人造毛、牙刷把、刷子、计算机键盘等；硝化纤维素可用来制造喷漆、油墨、人造革、仪表标牌、无烟火药等；纤维素和海藻酸钠结合，能从废液中回收重金属离子和稀土金属离子。现在，棉花纤维已更加广泛深入地走进民用、国防和空间技术等领域。

## 一、车转轻雷秋纺雪——弹棉花

### 1. 古代轧花

我国古代轧棉技术的发展大概经历了三个阶段。首先是手工剥棉籽阶段，操作简单，效率低下。其次是赶搓法阶段，人们通常借助工具（铁筋或铁杖）赶搓棉花，以去除棉籽。《农桑辑要》记载：“用铁杖一条，长二尺，粗如指，两端渐细，如赶饼杖样；用梨木板，长三尺，阔五寸，厚二寸，做成床子。逐旋取棉子，置于板上；用铁杖旋转赶出子粒，即为净棉。”因为该方法所采用的工具非常简单，适合一家一户使用，故一直沿用到清代，但生产效率仍然较低。第三阶段是采用搅车或轧车去除棉籽。大约在元代，中国出现真正意义上的轧棉机，也称为木棉搅车。搅车的出现是棉花初加工技术的重大突破。它是在辗轴（铁筋或铁杖）的基础上发展起来的，是一种轧棉机械，极大地提高了轧棉的效率。元代农学家、机械学家王祯在《农书》中首次画出了木棉搅车的结构，为四框落地式无足搅车，其中利用了曲柄、杠杆等结构，但需要三个人操作才能连续工作，比较费力，效率偏低。随后明代出现了只需要一个人手足并用就能操作的四足搅车（《农政全

木棉搅车

三足搅车

（引自《天工开物》）

书》)，比较适合小农经济。之后又出现了三足搅车，也是一人操作，但它的结构更加合理，操作也更方便、省力（《天工开物》)。

## 2. 棉花变棉絮

去掉棉籽的棉花，称为“皮棉”或“原棉”，也叫“净棉”。原棉在用于纺纱或制作絮棉之前，需要弹松，称为弹棉。去籽后的棉花团要成为棉絮，或板结的陈旧老棉套要重新变得柔软、蓬松，颜色变浅、变新，必须经过弹棉花的工序。

“檀木榔头，杉木梢；金鸡叫，雪花飘。”这是弹花匠对自己手艺的一种诠释。他们有一把专门弹棉花的弓，古人利用弹弓弹松原棉并清除里面的部分杂质。根据个人的习惯，弹弓可长可短，通过用榔头敲击弓上的弦来粘取棉花，把棉花拼成方形，这就是古代的振荡开棉技术。弹棉花的标志性声响就是由弹弓发出来的。

弹棉花只是第一步，随后要“上线”。弹花匠会根据要求，开始往棉胎上织网线，一人一头牵住长长的丝线，掐断、绾结、放线、走位。一根竹竿牵引着长长的丝线来回飞舞，横、竖、对角，反复交叉，在棉胎上形成纵横交织的细网格，最终达到固定棉花的目的。网结的棉胎有些虚、鼓、薄厚不匀时，还需要拿出锅盖形状的平底圆盘反复碾轧、研磨，甚至两个人还要爬到棉胎上来来回回地踩压，直到新棉胎变得紧实、薄厚均匀为止。

归纳起来，棉花变棉絮需要四个步骤。

撕絮：旧絮翻新时，须先除掉表面的旧纱，然后卷成捆，用双手捧住，在布满钉头的铲头上撕松，再用弓弹。如果是原棉的话，使其蓬松、均匀就可以了。

弹花：关键是振动弓弦，用弹椎有节奏地打击，弓弦均匀地振动，忽上忽下、忽左忽右，片片棉花随之翩翩起舞，落下后重新排列组合，变得更加蓬松、均匀、洁白和干净。

固定：由两人将棉絮的两面用纱（按民俗，所用的纱一般为白色，用作嫁妆的棉絮则用红绿相合的纱）纵横布成网状，以固定棉絮。

压磨：用木质圆盘压磨，使之平贴、坚实、牢固。

撕絮

弹花

固定

压磨

棉花变棉絮的步骤

随着“嘭嘭嘭”的弦响，棉花片片翻飞，一堆棉花在弹花匠的辛勤劳作下变成了一床厚厚的、软软的、暖和的棉被。

弹棉花不仅费力，也是个精细活，敲弓的时候要花大力气，而“上线”则是细致的工作。一床棉被弹下来，几乎要耗费弹花匠一整天的时间。其传承方式也是由师傅带徒弟或父传子，很多弹花匠的手艺都是祖传的，这在一定程度上限制了制棉业的发展。20 世纪 90

年代，弹花机出现，弹棉花、做棉絮等工作实现了规模化和高效化，弹弓、弹榷、磨盘等弹棉花工具逐渐淡出了人们的视野。

### 3. 棉花变棉布

棉花纤维除了经过弹花变成棉絮外，更重要的一部分是经过“纺织”变成制作衣服的棉布。“纺织”狭义理解，就是指“纺纱”和“织布”。中国是纺织业的发祥地，春秋时期即已有纺车，宋末元初的著名棉纺织家、技术改革家黄道婆被尊为我国纺织业的始祖。现代纺织则包含了纺纱、织造、染色、印花、绣花等一系列工艺。

棉花纤维转化为纱线：纤维原料经过除杂、松解、开松、梳理、牵引等，变成长长的细丝，细丝再被缠绕起来，就形成了纱线。

纱线制成织物：纱线经过织布机的加工，就变成了布。调整织布机，可以织出不同密度、纹理和颜色的棉布。而织布的工艺还会影响布匹的透气性、吸湿性等，进一步影响穿着的舒适性。

织出来的布再经过染色、绣花、涂层、烫金等后续处理，就可以用来制作各式各样、美丽、舒适的服装了。

## 二、谈钱不伤感情——钱币中的棉花

中国民间有句俗话，叫“谈钱伤感情”，但今天我们要好好谈谈人民币（纸币），不光不会伤感情，还会促进我们对人民币的了解。

人民币（纸币）的主要成分是棉花，相信很多人乍听之下会感到惊讶不已。毕竟，我们日常生活中使用的纸币看起来完全不像由棉花制成的。但事实上，中国在明朝时期就开始将棉花作为制作货币的重要材料。现在，棉花已经成了人民币的“大当家”，占比高达 95%。除了棉花，还有少量木浆、其他植物及化学材料融入其中。

从棉花上“长”出来的纸币

除中国外，世界上很多国家也都将棉花作为制作纸币的材料，例如美国、英国、日本等国家的纸币都含有一定比例的棉花。只是不同国家在制作纸币时所使用的材料和技术有所不同，例如有些国家在制作纸币时会添加一些其他材料，如亚麻、纸张等。

许多人都会感到好奇，自然界中能用来造纸的纤维应该挺多的，为什么要选择棉花作为纸币的主要材料呢?

首先，棉花具有很好的韧性和耐久性，用它造出来的纸币不容易撕破。当人们把一张纸币不小心落在兜里，和衣物一起被扔进了洗衣机，经过一番折腾，当你捞出它时，它可能依旧坚韧如初，或许只是略显泡发，上面的图案字迹仍旧清晰可见，不像其他纸制品那般脆弱，这就是棉花的功劳。

其次，棉花是一种可再生资源，人们可以通过种植收获，源源不断地得到它，而不会像金属等其他材料一样，总量有限，越用越少，因此，用棉花造纸币更加环保和可持续。

再次，棉花吸收油墨的本领比较强，在印钞纸上印刷图案后，油墨不容易脱落，还会让纸币更加清晰、耐用。

拿起一张新纸币，在耳边抖一抖，你会听到清脆的响声，大不同于白纸抖动时发出的声音。这是因为用来制作纸币的纸张和平常办公用纸大不相同。

一般来说，普通纸张是由木质或草质纤维造出来的，而纸币则主要用棉纤维做成。新疆棉花因纤维纤细、韧性好、柔软度好等优点，成为制作印钞纸的首选材料。

首先，新疆棉花纤维长度平均超过 30 毫米，纤维强度高，使用新疆棉花制作的纸张具有良好的耐久性和抗污染性。此外，新疆棉花的棉短纤维质地细密、均匀，用它制造的纸币纸张光滑、细腻、坚韧和耐折，因此其被广泛应用于纸币的制造。

其次，制作印钞纸需要经过多个环节。首先要将棉花进行浸水处理，使其变得柔软；然后进行粉碎和磨浆，使其变成液态；接下来通过筛选和洗涤等操作，使棉花纤维逐渐凝聚形成一块块的纸浆；最后将纸浆倒在纸张模具上，通过压榨、烘干、切割等工序，制成一张张雪白的印钞纸。用新疆棉花加工而成的特殊印钞纸，经过以上诸多环节，依然保持了良好的耐磨性。

筛选和洗涤操作

## 三、棉纤维用于国防

生物复合材料被认为是可以取代人工合成高分子且能降低人类对化石燃料等不可再生资源的需求的新型材料。自然界中天然高分子化合物含量最丰富的是纤维素，而棉纤维的化学组成主要就是纤维素。因此，它是一种很好的生物复合材料。将棉纤维在3000℃下经过碳化处理得到碳纤维，该材料具有高强度和高模量，可与环氧树脂等联合做成复合材料，代替制造喷气飞机所需的大部分金属。另外，芳香族聚酰胺纤维可以用来制作防弹背心。其中的防弹层通常用金属（特种钢、铝合金、钛合金）、芳纶纤维（凯夫拉纤维）、聚酰亚胺纤维（PI）、超高分子量聚乙烯纤维等材料制成，可弹开或嵌住射过来的枪弹或爆炸物碎片。缓冲层则可以消减子弹撞击或爆炸冲击产生的动能，一般用闭孔针织复合布、软质聚氨酯泡沫塑料等材料制成。

棉花纤维衍生品的后起之秀PBO纤维（聚对苯撑苯并双噁唑纤维）是一种高性能的有机纤维。它因具有高强度、高模量、低密度和优异的耐热性等优点，成为一种理想的防弹材料。随着技术的不断进步，PBO纤维在防弹衣领域的应用逐渐普及。

## 四、棉纤维用于太空探索

除了防弹衣，PBO纤维在其他领域也有着广泛的应用。在航空航天领域，PBO纤维以其高强度和轻量化的特点，被广泛应用于飞机、火箭等飞行器的制造中。

另外，纤维素与硅酸钠共纺的原丝经特殊处理制得的陶瓷纤维（如碳化硅陶瓷基纤维复合材料），可用于火箭液体推进器马达、航空发动机涡轮盘、喷气飞机喷嘴、空间重返大气层装置的防热罩等。其中，以棉花纤维为基础制作的防热罩，为宇宙飞船的返回舱穿上了一件坚固的“防热衣”，它可以保护飞船和航天员们闯过 1500℃以上高温，安全返回到地球。

## 五、棉纤维的其他去处

在交通运输领域，PBO 纤维复合材料也被用于火车、汽车等交通工具的承力及非承力构件的制造，能减轻车辆重量，提高运行效率。

在轻工业产品生产中，棉纤维还可以用来制作传动带、电线外皮线、飞机和汽车轮胎用的帘子线、石棉制品、人造象牙、人造琥珀等。另外，棉纤维制作的碳纤维还可以用作光通信电缆的被覆膜。

中空纤维可用作净水器的过滤膜，它可除掉水中的有机分子、恶臭和大肠杆菌等，被广泛应用在生物技术、食品、生活污水和工业废水处理、医药等领域。

通过化学反应，棉纤维还被赋予某些特殊功能，如感光性、导电性、发光性等。随着人工智能的发展，传感器的重要性日益凸显，今后人们还有可能推出感觉纤维。

# 下篇

# 新疆棉花的科技赋能

XINJIANG MIANHUA DE KEJI FUNENG

- “太空司南”——北斗导航助建无人农场
- “天眼”看棉花——记录新疆棉花的成长历程
- “滴水成金”——棉花水肥一体化智慧管理
- “火眼金睛”——棉花病虫害遥感诊断
- “空中堡垒”——无人机植保技术
- “数字棉花”——棉花大数据

# 第八章

# “太空司南”——北斗导航助建无人农场

## 一、夜望北斗知北南

北斗七星，是大熊座七颗明亮的恒星，它们在北天排列组合成古代舀酒的“斗”形，故以此命名。北斗七星的中国星名（按照由斗口至斗杓连线的顺序）分别为天枢、天璇、天玑、天权、玉衡、开阳和瑶光。前四颗称“斗魁”，组成斗身；后三颗称“斗杓”，组成斗柄。

古人很早就懂得利用北斗七星来推断农时，中国现存最早的农事历书《夏小正》记载：“正月……斗柄县在下……六月，初昏斗柄正在上。”《史记·天官书》也曾记载：“分阴阳，建四时，均五行，移节度，定诸纪，皆系于斗。”古人认为北斗七星不仅可以定季节、定时辰，同时也可用作定方向的标尺。

将斗口天璇至天枢的连线延长5倍就可以找到北极星，北极星正好处于地球转动的轴上，一年四季它始终处于头顶偏北的位置，指示正北方。北斗七星作为一个终年常见的天体标志，因其独特的形状和

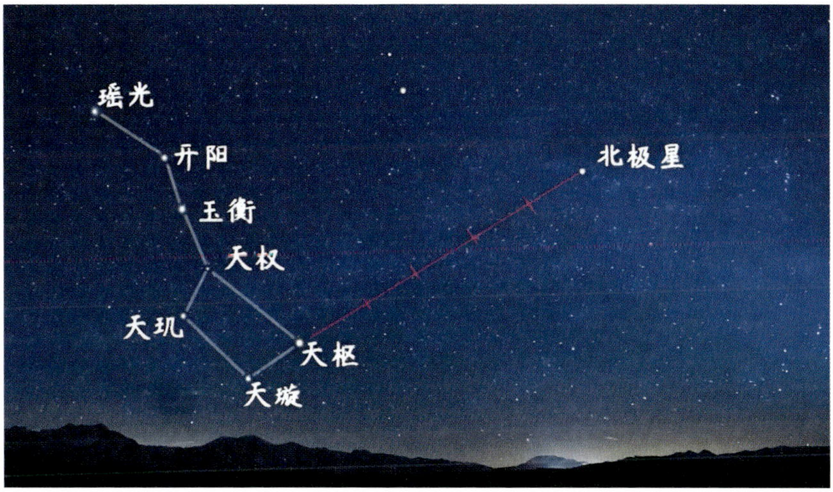


北斗七星

辉煌的光芒，在夜空中非常容易辨识，而找到北斗七星就可以在群星灿烂的夜空中找到指引方向的北极星，也就实现了夜间的方向指示。《淮南子·齐俗训》有言："夫乘舟而惑者，不知东西，见斗极则寤矣。"自古以来，旅行者、冒险家和航海家们会借助北斗七星的位置来判断自己的前进方向，从而避免迷失。

正因为北斗七星在中国文化中具有深远意义，被赋予指引方向的功能，中国的卫星导航系统被科学家们命名为"北斗"。这一命名既具有鲜明的中国特色，又彰显了华夏悠久的历史文化和渊源。如今，北斗七星高悬夜空，而太空中的北斗卫星导航系统，也正向全世界释放着中国智慧、中国精神和中国担当。

北斗卫星导航系统是我国自主建设、独立运行的卫星导航系统，能为全球用户提供全天候、全天时、高精度的定位、导航和授时服务。根据2024年4月25日国际全球卫星导航系统监测评估系统公开的数据，全球在轨的北斗卫星有49颗，其中正常运行提供服务的有44颗，在

星空下的新疆棉花

轨测试的有 5 颗。北斗卫星导航系统提供导航定位和通信数传两大类七种服务：面向全球范围，提供定位导航授时、全球短报文通信和国际搜救三种服务；在中国及周边地区，提供星基增强、地基增强、精密单点定位和区域短报文通信四种服务。

千百年来，北斗七星始终守护着华夏大地。如今，同样在这片土地上，融合人类最新科技成果的北斗卫星导航系统，赋予了“北斗”全新内涵。北斗卫星导航系统现已广泛应用于包括智能穿戴（如定位手表、宠物定位器、VR 眼镜、个人定位器、物品定位器等）、精准农业（如植保无人机、农机无人驾驶、打点器、测亩仪等）、无人机（如航拍无人机、测绘无人机、编队表演无人机、巡线巡检无人机、消防无人机等）以及智能交通（如冷链物流、机场港口特种作业车辆、车路协同、自动驾驶无人车等）等诸多行业，深入人们社会生产和生活的方方面面，对我国的社会经济发展起到了重要的推动作用。

## 二、精量播种靠“北斗”

早期的棉花种植十分耗费人力，每年5月定苗和9月采收季节，需要大量劳动力投身棉花生产。而如今，新疆的机械化作业已经遍地可见，各植棉地区仅需很少的人力，即可借助机械10天完成播种，30天完成收获、秸秆还田和耕翻作业，实现了产业跨越式发展。在北斗卫星导航系统的助力下，新疆棉花生产逐步从机械化向智能化迈进，正积极探索无人化种植模式。在播种环节，搭载北斗卫星导航系统的自动驾驶精量播种机已成为新疆棉田的新宠。

在进行精量播种时，播种机需要满足多个质量要求，包括铺膜平展、压膜严实、采光面大、下籽均匀、播行笔直和接行准确。在北斗卫星导航系统尚未成形之前，棉花播种的质量达标完全依赖于经验。操作员在驾驶播种机时不仅要握紧方向盘尽量保持直线行驶，还需关注后方播种机铺膜和打眼的情况。任何一点疏忽都可能导致接行不准确或播行不端直，从而造成棉花生产损失。

北斗卫星导航系统全面部署后，现代播种机已配备了这一系统，使其能够在无人驾驶的情况下进行24小时连续精准作业。广阔的棉田里，搭载北斗卫星导航系统的自动驾驶精量播种机只需在棉田地头和地尾选择两个基准点，北斗卫星导航系统就可根据需求自动生成精量播种路线，一次性完成覆膜、铺设滴灌带、下种和覆土的全部工作，每千米直线误差不超过2厘米，尽显“科技范儿”。

无人驾驶的播种机驾驶室内，方向盘自动校准前进路线，显示器实时标注工作路线和进展；两名农户跟在播种机后，查看开沟、下种、铺膜等情况；与传统播种方式相比，北斗卫星导航无人驾驶智能播种机更加节约棉种。

北斗卫星导航棉花机械化播种

此外，播种机实现无人驾驶后，驾驶室和操纵机构不再是播种机必需的机械结构，增加的空间可用于安装农具，并且减少了机器自重，工作效率也得到提高。每台无人驾驶播种机每天的播种面积能达到 100 亩，相当于 10 个足球场的大小，相较于没有配备北斗卫星导航终端的人工驾驶播种机，每天可多播种棉花 4 公顷，相当于大半个足球场。

播种机装上“北斗”后，就像有了眼睛，不但播行端直、播深一致，而且下种均匀，达到了一播全苗、苗齐苗壮的效果。与传统人工播种方式相比，“北斗”助力的无人驾驶智能播种机大幅度减轻了劳动强度，加快了播种速度。它不仅可节约棉种、化肥和地膜，还有效地避免了作业中的重复或遗漏，提高了土地利用率。此外，这种播种方式方便了棉苗长大后进行全程机械化田间管理和机械化采摘。

截至 2024 年，新疆棉花播种机械化率已经达到 100%。搭载导航自动驾驶系统的精量播种机，作业精准高效，一行行，一片片，从空中俯瞰棉田，俨然一幅工笔画，这是中国人民用智慧和勤劳绘制的现代化科技新棉田。

# 第九章

# “天眼”看棉花
# ——记录新疆棉花的成长历程

新疆棉花从 4 月播种到 9—10 月采摘，在新疆充足的日照和丰富的天山雪水的滋润下快速生长，可以说是“一天一个样，三天大变样”。为了有效监管棉花的成长过程，实时记录棉花的状态至关重要，而拍照无疑是记录棉花成长的最佳方式之一。然而，仅凭凡胎肉眼要在 166 万平方千米、约占中国陆地总面积 1/6 的新疆快速了解棉花的种植分布，这简直比登天还难，更别提掌握棉花每天的生长状况了。唐代著名诗人王之涣在《登鹳雀楼》诗句中给出了锦囊妙计：“欲穷千里目，更上一层楼。”

仰望星空，在距离地球几百甚至几万千米的轨道空间，分布着很多人造地球卫星，这些卫星每天忠实观察并记录着地球上发生的各种事情，因此被称为“天眼”。通过“天眼”，科学家们就可以轻松实现“巡天遥看一千河”的梦想。新疆地广人稀，远离海洋、降水量少、气候干燥且云雾稀少，日照时间充足又没有遮挡，是遥感卫星“直下看

新疆广袤的棉花地

山河”的绝佳福地。借助这一技术，我们得以从天上细致地观察和记录新疆棉花的生长轨迹，实现对这片广袤土地的精准监控。

那么，在遥远的太空中，作为“天眼”的遥感卫星又是如何“看”清地面上的棉花的呢？

遥感卫星在太空中能够“看”清地球表面的棉花，主要依靠的是电磁波。自然界中的每一种物体都有其独特的电磁辐射特性。不同的物质在不同的环境条件下，会以特定的方式反射或辐射不同波长的电磁波，棉花也不例外。遥感卫星接收到这些电磁波后，会将载有棉花信息的信号传输到地面接收站。地面接收站对这些信号进行校正、分析和解译，最终生成可视化的图像，这样我们就可以清晰地看到棉花的分布情况。

新疆已成为中国最大产棉区，也是优质商品棉的主要生产基地。新疆棉花在保障国家棉花战略安全、促进经济发展、提高农业效率和增加农民收入方面发挥了至关重要的作用。2023 年，新疆棉花播种面积 3553.95 万亩，占全国棉花播种面积的 85%；棉花总产量 511.2 万吨（亩产 143.7 千克），占全国棉花总产量的 91%。新疆棉花总产、单产、调拨量和人均占有量位居全国第一。

这些振奋人心的数据是如何得到的呢？它们准确可靠吗？传统方法是农业有关部门通过实地调查，逐级统计上报的，不仅人力成本高昂、耗费大量时间，而且存在数据统计不及时或错漏等现象。然而，通

新疆石河子农作物空间分布

过“天眼”能够大范围、全天候地实时监测地表状况，从多种作物混合覆盖的地表中快速、精准地识别棉花，获取棉花作物空间分布和长势情况，真正做到棉花分布一目了然、一图胜千言！

通过“天眼”观测新疆棉花分布，能给新疆棉花拍一张清晰的“照片”。中国科学院空天信息创新研究院遥感卫星应用国家工程研究中心高光谱团队与石河子大学农学院智慧农业创新团队利用 Sentinel-2 光学遥感影像、Sentinel-1 合成孔径雷达影像等多源遥感数据，提取了棉花区别于其他地物的光谱、纹理、结构、物候等多种特征，辅以地形和气候变量，采用“两步法”策略绘制出了多年全疆 10 米分辨率棉田分布图，成功为新疆棉花拍出了一张高清“照片”。从空间位置来看，新疆棉花主要分布在昌吉回族自治州、塔城地区、阿克苏地区和喀什地区，北疆棉花分布比较集中，南疆分布相对分散。

利用“天眼”对新疆棉花逐年拍摄高清“照片”，能够实现对棉田种植作物的时空变化进行详细监测。这一技术手段能让人们对棉花的时空分布情况一目了然，为棉田轮作管理、病虫害防治和产量预测等工作提供重要的数据支持，从而帮助更准确地掌握棉花的生长动态，优化管理策略，提高生产效率。

## 一、观棉花千姿百态

新疆有着悠久的植棉历史，透过洁白的棉絮细细地观察，可以看到色彩斑斓的历史画卷。但在历史长河中，人们都局限于在棉田中对棉花的近距离接触观察，无法一睹全疆棉田的真容。随着空天科技的发展，作为“天眼”的遥感卫星可从太空中拍摄记录新疆棉花从出苗到吐絮整个生育期的“千姿百态”，让我们从空天视角观察棉花，揭开新疆棉花的“庐山真面目”。

从遥感卫星（空间分辨率 10 米）拍摄的新疆莫索湾地区 2021 年 5—10 月棉田影像可以看到：6 月的棉花破土出苗（苗期）后，正值蕾期的棉花在努力生长，“天眼”中棉田浅浅抹绿逐渐变为片片翠绿，棉花长势喜人；8 月的棉花正在开花结铃（花铃期），“天眼”中棉田的片片翠绿进一步加深，棉花生机勃勃；10 月的棉花正在裂铃吐絮（吐絮期），“天眼”中棉田逐渐失绿变化为棕白色，呈现一片岁物丰成的景象。

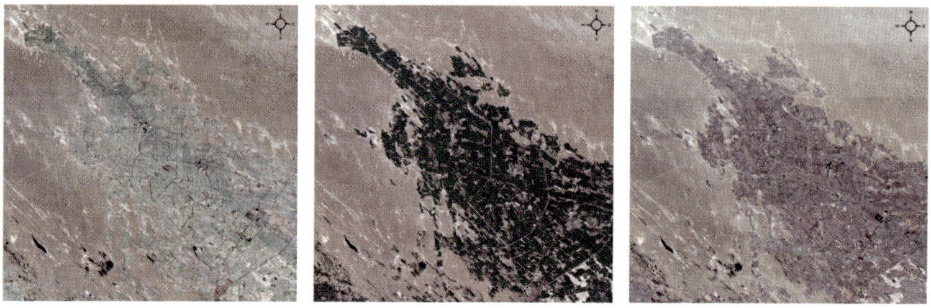

遥感卫星 2021 年 6 月、8 月、10 月获取的新疆棉花影像

“天眼”让我们突破“只缘身在此山中”的局限，以新的视角目睹棉花的千姿百态，掀开新疆棉田的神秘面纱。

自 1970 年中国发射第一颗人造卫星以来，中国已研制可发射地球近地轨道、太阳同步轨道、地球同步轨道以及飞往月球的各种型号的运载火箭，已向空间发射各类卫星和飞行器近 500 颗，包括载人飞船、天宫系列飞行器、科学技术试验卫星、地球观测卫星、嫦娥系列对月观测卫星、火星探测卫星、通信卫星以及北斗导航卫星等。近 10 年来，得益于中国两项重大航天工程，即高分辨率对地观测系统国家重大专项和国家民用空间基础设施计划的实施，中国航天遥感在经济建设和社会发展中发挥了重要作用，并使中国在迈向

中国资源一号 02D 卫星多光谱相机
于 2021 年 4 月 30 日拍摄的新疆沙湾市棉田假彩色合成影像

中国资源一号 02D 卫星多光谱相机
于 2021 年 8 月 21 日拍摄的新疆沙湾市棉田假彩色合成影像（鲜艳红色为棉田）

中国高分七号卫星

于 2021 年 10 月 13 日拍摄的新疆沙湾市棉田假彩色合成影像

航天强国的道路上实现了跨越。截至目前，中国在轨的卫星数量仅次于美国，居世界第二位。中国已是名副其实的遥感大国和航天大国，利用国产先进卫星可以给新疆棉花拍出更美、更清晰的照片。

新疆沙湾市是中国第一批优质棉花生产县（市）之一，成功探索出棉花生产的“沙湾模式”。沙湾市位于天山北麓，准噶尔盆地南缘，总体地势特征为南高北低，有山地、平原、沙漠、绿洲等典型地貌。通过在太阳同步轨道上运行的中国资源一号 02D 卫星，可一睹沙湾棉田不同生育期的“庐山真面目”。例如，中国科学院空天信息创新研究院的研究团队利用卫星上空间分辨率为 10 米的高清多光谱相机获取了沙湾市安集海镇播种期和花铃期棉田的标准假彩色合成影像。与 4 月 30 日（播种期）相比，8 月 21 日影像中棉花正值花铃期，长势喜人（鲜艳红色为棉田），与图中雪山、湖泊、河流、戈壁等构成一幅“有凤来

国产卫星记录新疆棉田“金凤凰”成长记照片
入选《遥感学报》最美封面

仪”的祥和丰收之景，尽显绿洲农业特色。从利用中国高分七号卫星（空间分辨率 3 米）于 2021 年 10 月 13 日获取的新疆沙湾市安集海镇的标准假彩色合成影像中，可以直观地认识新疆典型的山地 – 绿洲 – 荒漠系统中棉田分布特色。影像清晰展现了棉田、荒漠、雪山等新疆典型地貌，整体看上去像一只展翅欲飞的金凤凰。这一组由中国卫星拍摄的棉花照片深受普通大众和学界喜爱，2022 年被国家级综合性学术期刊《遥感学报》遴选为第 9 期封面，并被评为年度最美封面。

## 二、赏棉田机械“画”

近年来，新疆各级农机部门大力推广棉种加工、秋翻冬灌、联合整地、节水灌溉、覆膜精量播种、中耕施肥、病虫害防治及棉花采收等机械化技术，提高了劳动生产率和作业质量，降低了棉花生产成本，实现了农业节本增效和农民增收，为推动棉花规范化、标准化生产及规模化、产业化发展提供了重要的技术支撑和装备保障。

关于新疆棉花生产机械“画”，相信大家常见的都是在地面上的机械化作业场景：一台台精量播种机、大马力配套犁、大型采棉机在棉田中的一次次来回穿梭。而作为“天眼”的遥感卫星可以从太空中见证新疆棉花播种与采收全程机械化的宏大场面，这是以前无法想象的。

朵朵棉花，催生美好，每到 4 月，随着气温不断升高，新疆棉花迎来播种高峰期。由南至北的广大棉田里机器轰响，一台台现代化的农机设备穿梭播种，机械化作业的场景甚是壮观。2021 年 4 月上中旬玛纳斯县 70 万亩棉花陆续开播。对比吉林一号卫星于 4 月 14 日（开播后）和 4 月 6 日（开播前）拍摄的该地区影像，可以发现棉花田中出现了各种形状的抽象画，这些田间抽象画来自棉花播种前农机犁地

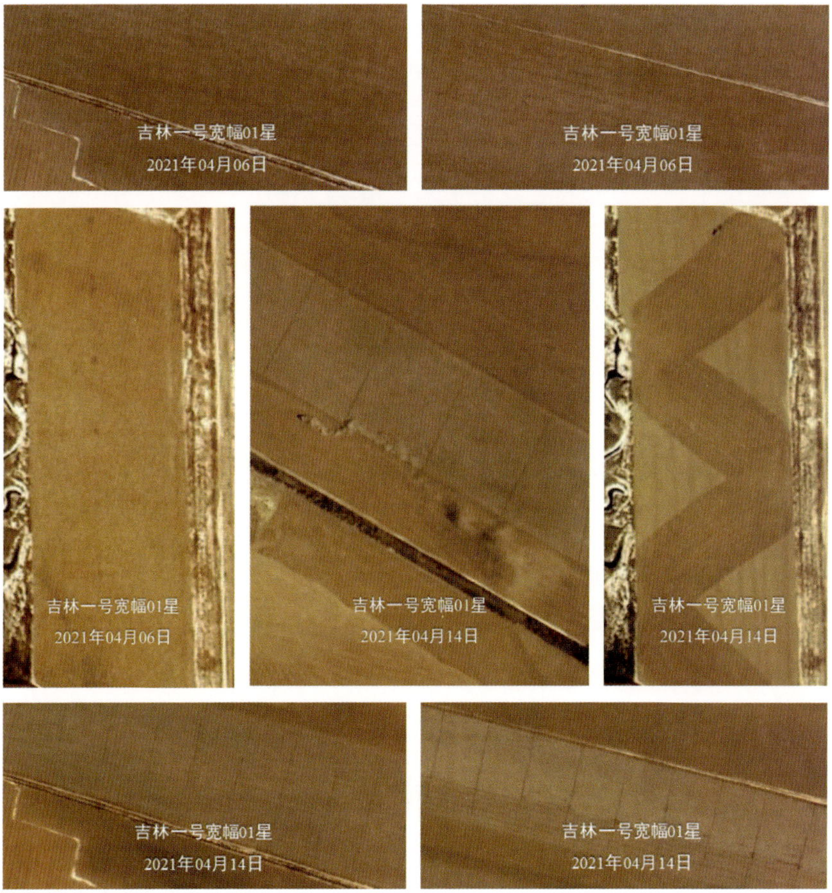


吉林一号卫星拍摄的棉花机械化播种场景

耙地的行进路径。

每逢金秋十月，新疆各地棉花将陆续进入采收期。在新疆昌吉，人们已经广泛使用打包采棉机采收棉花，机器一边采收，一边将已采棉花打包、压缩成卷。吉林一号卫星在 2021 年 10 月新疆棉花丰收之际，从太空记录下了位于新疆昌吉回族自治州阜康市机械化采收棉花的忙碌场景。从吉林一号卫星 10 月 9 日拍摄的影像中可以发现，采棉机正忙碌在棉田之间，进行采收工作；其中几处棉田都已经完成机械化收割，压缩打包好的棉花卷堆放在棉田附近，等待运输。

目前，新疆在棉花的春种、夏管、秋收各阶段已实现机械化作业。“天眼”绘制的一幅幅机械“画”是新疆不断提升农机作业现代化、信

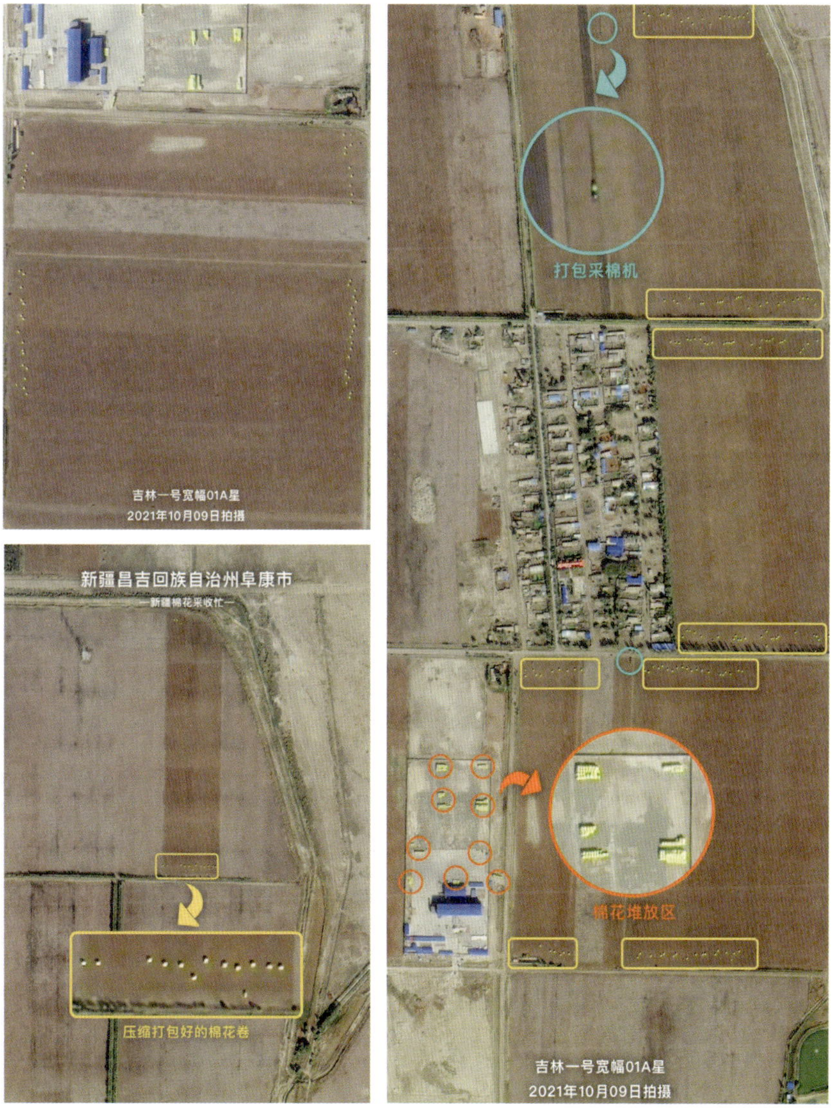


吉林一号卫星拍摄的棉花机械化采收场景

息化、智能化水平，实现棉花产业高质量发展的最美见证。

## 三、为棉花生长保驾护航

“天眼”除了给棉花拍美照，还能通过遥感技术进行全天候、全时段的生长监测，为棉花的健康成长保驾护航。传统的棉花生长状况监测需要大量的调查人员定期在田间实地勘察，这种方法存在效率低、主观性强、周期长、费时费力以及调查范围有限等缺陷，难以在大范围内开展。随着空天科技的迅速发展，通过“天眼”遥感能快速、无损、客观和大范围实现棉花长势和养分监测，可有效克服传统田间调查的诸多不足。

“天眼”遥感系统不仅能够实时拍摄棉花在不同生长阶段的影像，还能获取同一地点棉田的时间序列数据。这些影像可以帮助我们了解棉花在各个生育阶段的长势状况。绿色植物光谱理论认为，植物对不同波长光的反射和吸收特性会随着其生长状况而变化。因此，通过对“天眼”遥感影像获取的棉花光谱进行特性分析，可以反演估算棉花的生长速度、生长量、叶面积指数等“宏观”信息，从而判断其生长状况。这种光谱信息的分析不仅可以评估棉花的生长状况，还能预测产量，并为农业生产提供科学指导，从而提升生产效率和管理水平。

棉花生长状况的遥感监测不仅包括生长速度、生长量和叶面积指数等“宏观”长势指标，还涵盖对棉株氮、磷、钾等“微观”营养元素的监测。这些营养元素的含量会在叶片的光谱特性中间接反映出来。科学家们利用“天眼”遥感技术，通过监测棉花冠层叶片的光反射和光吸收性质，可以识别对棉花营养含量敏感的光谱特征，并建立光谱特征波段或光谱衍生指数与棉花营养元素含量之间

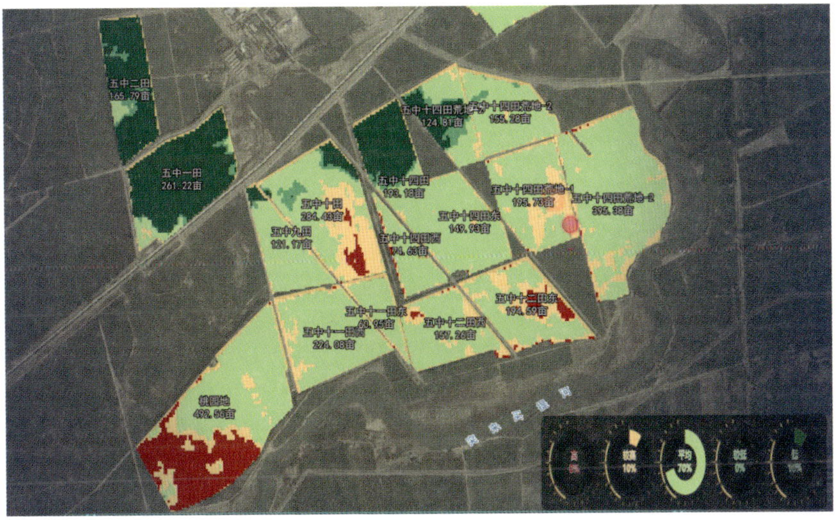


“天眼”遥感监测棉花长势状况

（红色和橙色部分代表棉花长势状况优于平均状况）

的关系，从而实现对棉花营养元素含量的准确遥感监测。这种技术能够大面积、无破坏、快速地获取农田棉花的营养信息，使得人们能够及时调整肥料施用量，减少浪费，提升产量，同时保护农业资源和环境质量，从而使定时、定位、定量、定配方的精准棉业管理模式成为可能。

# 第十章

# “滴水成金”——棉花水肥一体化智慧管理

水肥一体化技术给新疆棉花生产带来了重要的巨大飞跃，但在棉花实际生产中仍存在盲目、过量投入水肥资源的问题，导致水肥浪费较严重、水分养分利用率不高，同时增加了生产投入成本，造成了生态环境的污染与破坏。针对这一问题，石河子大学吕新教授团队利用数字技术，开发水肥智慧管理系统，从信息精准监测、科学决策、智能控制全过程实现智慧管理，使得新疆棉花水肥管理更加高效和精细，真正实现“滴水成金”。

## 一、棉花水分养分信息精准监测

人体缺乏水和营养会导致发育迟缓而显得面黄肌瘦，棉花也一样，水分养分不足时，会出现叶片发黄、植株矮小等症状。但是，当人肉眼能够发现叶片发黄的时候，棉花体内的水分养分已经缺得很严重了。因此，找到一种能够在叶片不发黄的时候就能发觉棉株缺水缺肥的方

棉花水分养分信息快速监测

法对于棉花健康生长非常重要。光谱具备“透视”能力，可以探测到肉眼无法看到的信息，在棉花水分养分精准监测过程中，我们用光谱仪采集到棉花叶片的光谱信息，并通过建立光谱信息与棉花叶片水分养分元素（氮、磷、钾）之间的关系，就能很快知道棉花水分养分的含量状况，并结合棉花生长各阶段水分养分的需求，进而确定是否缺水和缺肥，为下一阶段的灌水和施肥提供参考。

## 二、棉花水分养分管理科学决策

对于棉花的水肥管理，决策环节非常重要，一方面需要“对症下药”，另一方面需要把握好药的用量和用法。传统的水肥一体化管理过程中，对于棉花施肥和灌溉，人们往往是通过经验来决策的，这样会导致为棉花开出的水肥“处方”并不是特别准确。因此，在智慧化管理过程中，需要科学地进行水肥管理的决策，准确把控时间和用量。

这个过程的实现有赖于滴灌棉花临界氮浓度稀释模型。它可以确

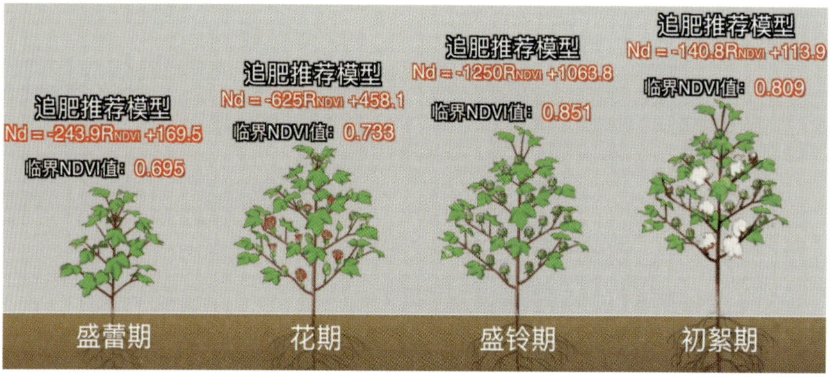


棉花施肥决策推荐

定不同生育时期的氮素投入阈值，再利用反映植被光谱特性的植被指数，就可以得出全生育期定量施肥决策模型。在实际的水肥管理过程中，会根据模型得出的水肥用量进行推荐施肥，决策结果既准确又科学。

## 三、棉花水肥智慧管控系统

针对棉花生产过程中两个最为重要的影响因素——灌溉和施肥，棉花水肥智慧管控系统能够实现适时、适量灌溉和优化施肥相结合，依托决策与管理系统对水肥进行一体化协调管理。在这样的背景下，以单位尺度棉田为研究区域，利用现代化的计算机信息技术来指导棉花水肥管理，优化了过去以传统施肥灌溉经验为主的低效水肥管理方式。

在最终的控制环节，棉花水肥智能控制主要通过电动阀、施肥机等形成的物联网系统实现，电动阀和施肥机通过物联网与控制平台、农户手机进行连接。在得到施肥灌溉的指令后，农户通过智能手机一键操作，就能随时开闭灌溉和施肥阀门，实现对棉花生产过程水肥一体

棉花水肥智慧管控系统

（左图为田间阀门，右图为手机控制界面）

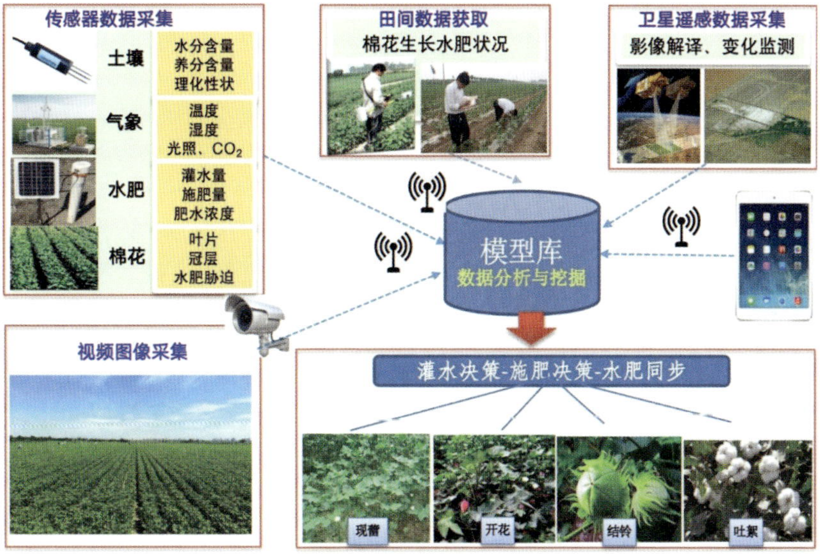


棉花水肥一体化管理云平台

化高效管理，不仅提高了生产效率，还极大地缩减了生产成本。

基于上述技术成果，通过棉花水肥一体化管理云平台，利用传感器网络、物联网和数据分析技术，棉农可以实时监测土壤湿度、养分含量以及气象条件。自动化灌溉系统根据这些数据自动调整灌溉时间和水量，确保作物能够在最佳环境中生长发育。同时，自动化施肥系统可以精准控制肥料的施用量和施用时间，避免了肥料的浪费和环境污染，提高了肥水均匀化、精细化管理水平，为新疆打造现代化绿色棉田立下汗马功劳。

第十一章

# "火眼金睛"——棉花病虫害遥感诊断

棉花病虫害是影响棉花产量和品质的重要问题：棉花病害会造成棉花植株腐烂、枯死，棉铃发霉；害虫会吃掉棉花叶子，吸食汁液，使棉叶畸形生长，向背面卷缩，光合作用遭到抑制，植株的生理代谢受到破坏。遥感技术就好似"千里眼""顺风耳"，可以远程准确监测病虫害的发生，使农户"未雨绸缪"，帮助农户减少种植成本，提高棉花产量和质量，促进农业的可持续发展。

## 一、危害棉花的"妖魔鬼怪"

棉花病虫害是限制棉花高产、优质、高效益生产的主要因素之一。每年，棉花面临着棉蚜、棉铃虫和黄萎病等"妖魔鬼怪"的严重威胁。

棉蚜从棉花幼苗期就开始侵害，初期难以察觉，需要农户多次巡查。如果长时间未检查，棉蚜可能快速暴发，在适宜环境条件下，棉蚜 5 天内可以繁殖一代。棉蚜严重时，会导致棉株迅速枯萎、死亡。

棉蚜在棉花幼嫩的叶片上吸食汁液

（在幼苗期会导致棉苗成长缓慢，在花铃期会造成花蕾大量脱落；棉蚜分泌的蜜露容易感染杂菌引发病害）

棉铃虫啃食棉花叶片和棉铃，对棉花产量造成直接影响

黄萎病被称为棉花的“癌症”，主要由大丽轮枝菌和黑白轮枝菌引起，这些真菌能在土壤中长期存活。它们通过茎秆传播到棉花叶片，导致叶片发黄、枯萎，往往呈现显性病状时已是黄萎病的晚期。由于目前尚无有效的农药治疗黄萎病，感染后农户只能眼睁睁看着自己辛苦耕作的棉花枯萎死亡。

新疆棉田面积广阔，传统的病虫害诊断手段耗时费力且依赖于专家经验，往往难以满足实际需求。如果农户能够在棉花病虫害刚刚发生时就及时发现，并迅速采取防治措施，将显著减少农药的用量，从而降低种植成本，减少对周围环境的污染。因此，迫切需要新技术来实现棉花病虫害的早期诊断以及棉花病虫害受害程度监测，克服传统诊断方法的局限，提升病虫害诊断效率，降低种植成本。

被黄萎病侵染的棉叶和棉花冠层

（黄萎病是棉花的“癌症”，当人们在棉株上发现它时，棉株已经是晚期，没有药物能够进行控制，只能任棉株枯萎死亡）

## 二、棉花病虫害的传统监测方法

### 1. 目视观察与田间调查

目视观察和田间调查是棉花田间病虫害监测最基础的手段。农户或农业技术人员通过肉眼检查棉田中的植株，观察叶片和嫩梢处是否有害虫聚集、是否有病斑。农业技术人员需要定期进入棉田进行巡查，特别是在病虫害高发季节时，观察棉田的整体健康状况，并根据害虫的活动轨迹、病斑的大小及密度做出判断。

这种方法成本低，工具简单，不需要额外设备，但存在较多局限。首先，目视观察依赖技术人员的经验和判断，容易产生主观误差。其次，对于大面积棉田，人工巡查耗时费力，难以及时发现潜伏期的病虫害。此外，人工监测的频率较低，难以及时提供准确的病虫害数据，导致防治工作滞后，病虫害可能在监测结果出来之前就已扩散。

专家通过观察棉花叶片掉落和出现病害症状的情况来粗略判断黄萎病的严重程度

### 2. 诱虫灯监测

添加信息素的诱虫灯

诱虫灯是一种用于夜间害虫监测的工具，通过发出特定波长的光源吸引飞行中的害虫。农业技术人员可以定期检查捕获到的害虫数量，从而评估害虫的密度和活动规模。这种方法对于某些夜间飞行的害虫效果较好，但有些害虫（例如蚜虫）的活动大多集中在白天，因此诱虫灯在蚜虫监测中的效果有限。

目前，有的诱虫灯里会添加信息素。在棉花种植中，利用诱虫灯加信息素的技术可以有效地监测和控制诸如棉铃虫、棉盲蝽等害虫的数量。信息素的选择需要针对具体的害虫种类，因此监测到的害虫种类受限。此外，诱虫灯的监测范围较小，难以在大规模棉田中发挥有效作用，且设备的安装与维护成本较高。

总体而言，传统的棉花病虫害监测方法虽然在早期农业生产中应用广泛，但由于其依赖大量的人力和工具，效率较低，且难以满足大规模棉田的监测需求。此外，这些方法通常无法实时反映棉花病虫害受害程度和情况，导致防治措施滞后，影响防控效果。

## 三、棉花病虫害的遥感诊断技术

随着科学技术的发展，计算机和遥感技术的结合为棉花病虫害的识别提供了全新的思路。基于遥感图像处理技术的病虫害识别可以提高其准确度、客观性和效率，为棉花病虫害的早期诊断和监测提供了有效的技术支持。像人类得病之后需要用医疗器械拍片辅助诊断一样，棉花病虫害信息也能用遥感设备获取，利用计算机视觉技术解译分析。

## 1. 基于航天遥感技术的棉花黄萎病早期诊断

光谱成像技术就像孙悟空的“火眼金睛”一样，可以检测识别棉花叶片细微的变化。目前高光谱成像和叶绿素荧光成像技术可以凭借其强大的光谱分析和生理状态监测功能，能够准确捕捉作物在病害初期肉眼无法察觉的病理变化，实现作物早期病害检测。通过这两项技术，科研人员和农民可以在病害症状显现之前发现问题，并采取有效的防治措施，避免病害扩散，减少对产量的影响。

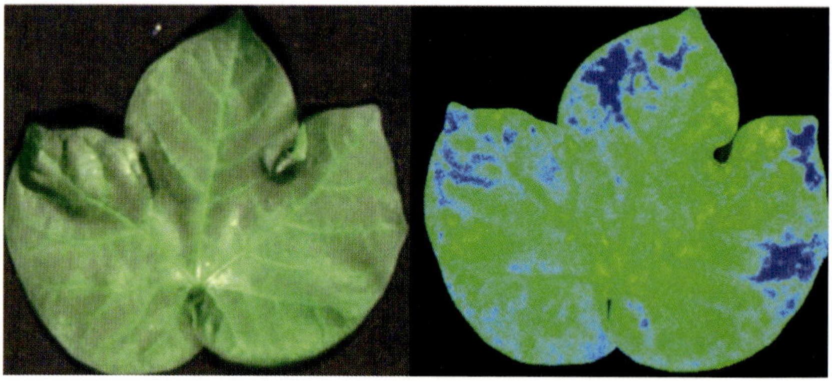

黄萎病早期感染的棉叶叶绿素荧光成像特征

（左图为可见光成像；右图为叶绿素荧光成像，蓝色为早期诊断出的病害区域）

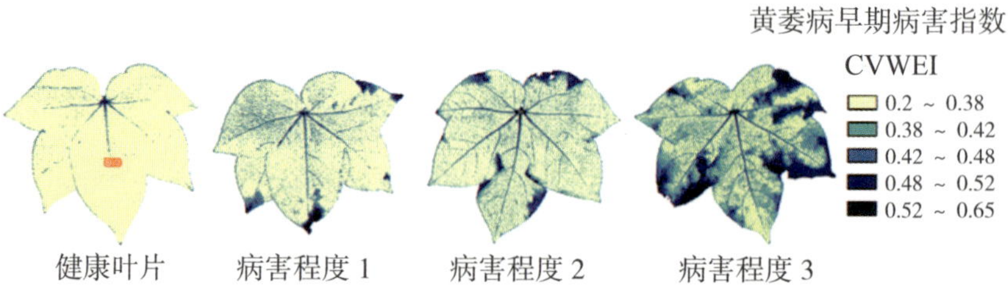


基于高光谱成像实现棉花黄萎病不同病害程度的叶片病理现象的分析

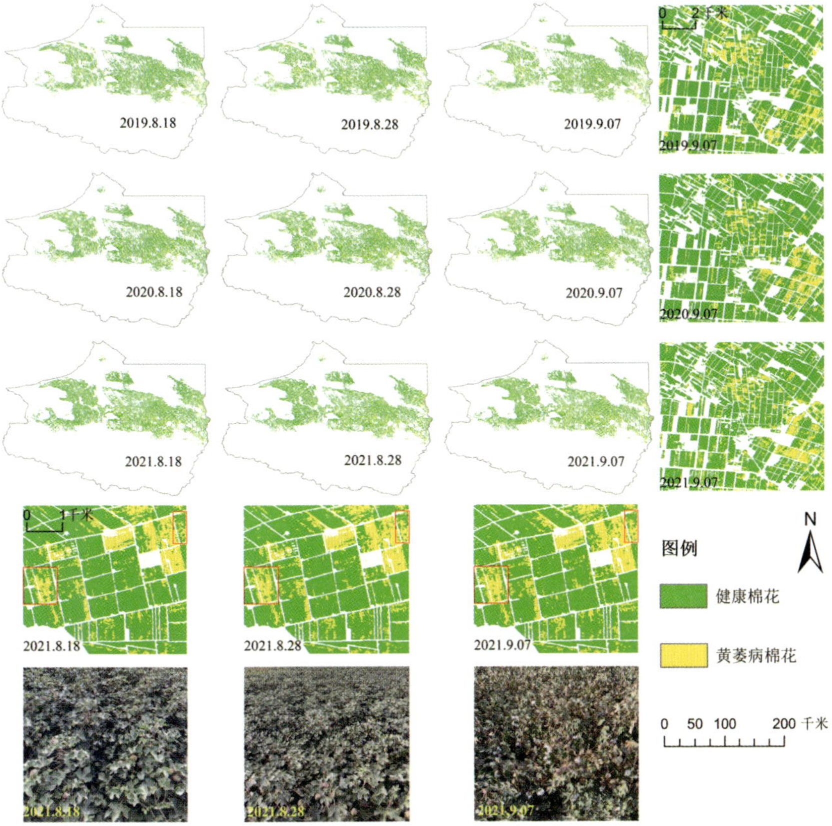


利用卫星影像监测棉花各生育时期黄萎病分布情况

同时，随着空天科技的发展，现在我们利用“天眼”结合生境、气象因子来监测棉花黄萎病病害发生发展情况，其具有快速、无损、客观、大时空范围覆盖等独特优势，可有效克服黄萎病传统田间调查的诸多不足。每年 7—8 月是新疆棉花黄萎病暴发的高峰期，利用“天眼”——遥感卫星从太空中拍摄记录的新疆棉花影像数据，可以对棉花黄萎病病害进行识别跟踪，揭示棉花黄萎病的空间分布及其随时间的变化，为棉花病害的精准防治提供一张科学准确的“CT影像”。

## 2. 基于无人机遥感技术的棉花虫害监测技术

无人机遥感技术就是农民的高科技帮手，无人机可以搭载多光谱和图像传感器，快速获取高分辨率的田间图像，实时监测棉田中的蚜虫活动和受害区域。受蚜虫侵害的棉花叶片通常会出现光谱反射率的变化，无人机能够捕捉到这些细微差异，帮助技术人员及时识别蚜虫发生的地点和规模。此外，无人机不仅可以用于监测，还可以精准地执行农药喷施作业。通过结合实时监测数据，无人机能够仅在受害区域喷施农药，减少了对健康作物的影响，同时提高了农药的利用效率。这种精准喷施技术有助于降低农药使用量，减少对环境的污染。

利用无人机监测棉花蚜虫为害情况

## 3. 基于物联网技术的棉田病虫害监测

通过结合物联网技术，智能设备的监测数据能够自动汇集到云端，技术人员可以远程监控棉田的健康状况，及时作出决策。这种监测方式不仅提高了数据的准确性，还降低了人工干预的成本。常见的设备包括远程信息化虫情测报系统、远程智能孢子分析仪等，它们通过物

安装在棉田周围的远程信息化虫情测报系统

远程智能孢子分析仪

联网技术连接，实现数据的自动采集和传输。

远程信息化虫情测报系统是虫害监测中的重要设备，能够自动捕捉飞行中的害虫，并将其活动数据实时传输到中央控制系统。远程智能孢子分析仪是利用先进的传感器技术和信息化手段来自动监测和分析空气中的植物病原菌孢子，从而实现对病害的早期预警。

## 四、监测和诊断技术的实现

棉花病虫害的种类繁多，但对棉花植株的为害方式类似，受到病虫为害的棉花植株的叶片、茎秆、棉铃等部位会出现损伤。棉蚜是棉花的主要害虫之一，中国棉花种植每年因蚜虫为害产生的损失率为5% ~ 10%。如何利用新型高科技实现棉蚜虫害的诊断和监测呢？且听我们慢慢道来。

### 1. 知己知彼

首先，我们需要了解棉蚜致病的机理，知道棉蚜如何危害棉花作物，会产生何种隐性或显性的病害性状，可以成为我们标记棉蚜病害的

棉蚜为害的棉花植株

特征。棉蚜成虫、若虫会吸食棉花叶片或嫩头的汁液，一般造成棉花在苗期受害，表现为棉叶卷缩，开花结铃期推迟；在蕾铃期受害，表现为蕾铃脱落。棉蚜大量聚集在叶片背面，排泄的“蜜露”积聚在叶子上形成“油光”叶，阻碍棉花正常呼吸，并诱发霉菌生长，影响光合作用。

### 2. 获取“样本”

其次，在进行棉蚜为害情况诊断时，无论是前文中提到的哪一种诊断方式，都需要提前获取“样本”，也就是做研究时训练模型的数据。

获取数据的流程包含数据采集和数据“感知”。感知相当于对数据做标记，教导、帮助机器判别出拥有何种特征就是虫害，以达到智能诊断的目的。

棉蚜虫体数据获取：棉蚜多分布于棉花叶片的下方，呈现聚集分布。开展基于遥感图像处理的棉蚜虫体识别与数量估算模型构建，需要收集大量包含不同角度、不同环境、不同棉蚜密度的棉花叶片图像作为样本。毕竟，想要精确地诊断虫害，就得需要获取详尽的“敌情”。对于所采集的图像，要在图像中精准地将棉蚜虫体标注出来，让机器知晓“这

棉蚜图像识别标记与处理

（左上为手机拍摄，左下是图像对蚜虫进行识别，右图是识别后的局部放大图，其中 wingless 为无翅蚜，winged 为有翅蚜）

就是棉蚜”。

棉花冠层损伤数据获取：像人的皮肤受伤痊愈后会留下疤痕一样，蚜虫啃食棉花叶片后，叶片自愈时也会留下“疤痕”，受到损伤的棉花叶片会呈现皱缩、微卷甚至完全卷曲，叶片的生理性质同时发生变化，这些受到损伤的叶片在光谱成像中会呈现不同的反射率。另外，棉蚜在生长繁殖的过程中会分泌“蜜露”并附着于下部叶片，该“蜜露”也会在光谱成像中呈现出不同的反射率。因此，棉花冠层损

被蚜虫啃食后发生褶皱、卷曲的棉叶

伤的图像形态和虫害叶片光谱就是诊断棉花蚜虫的“特征信息”。

### 3. “三昧真火炼金睛”——模型训练

在获取“敌情”后，要对“敌情”进行分析，也就是需要把这些情报放在“八卦炉”——计算机中进行训练。训练的时候需要“三昧真火”从多个角度反复“煅烧”，以得到最终的模型。

建立模型的过程中需要让机器学习棉蚜虫体、棉蚜危害的特征信息，通过学习形成机器可以懂得的识别语言，从而让机器在面对新的数据时，能够诊断识别出“它”是不是棉蚜虫害。但是，机器能够轻松地学习到标识虫害的特征吗？当然不能！机器需要不断地计算、提取信息，并结合人工给它的“添柴”——样本的标识与调整，才能炼出识破一切妖魔的“火眼金睛”。

### 4.“火眼金睛识妖魔”——虫害诊断

棉蚜虫害诊断模型训练构建后，将识别模型嵌入移动设备或者数据平台中，就可实现棉田地块的虫害检测和棉蚜虫体识别计数。

将计数功能与统计平台相结合，可实现棉田地块的虫情信息分析与虫害发生预测。将棉蚜危害监测模型用于棉田成像处理，可生成棉田棉蚜分布图，实现大范围、区域化、快速、高精度诊断，为虫害防治提供有力支撑。

## 五、未来棉田病虫害监测技术的发展

### 1. 集成化监测系统

随着物联网技术的发展，未来的病虫害监测系统将会更加集成化。例如，将遥感技术、地面传感器（如土壤湿度传感器、气象站）、无人机巡检、智能孢子捕捉器等多种技术结合起来，形成一个全方位的监测网络。这样的系统能够提供更加全面和精准的监测数据，有助于更精确地评估病害风险，提高农作物的病害管理水平，为实现智慧农业贡献力量。

### 2. 人工智能和机器学习

人工智能和机器学习算法将进一步应用于病虫害监测领域。通过全面的病虫害数据库构建，为人工智能和机器学习提供更加丰富准确的样本支持，可以有效提高病虫害识别种类和精度。

### 3. 大数据分析

随着监测技术手段的增长，面向多源信息提取、融合的大数据分析将成为病虫害监测的重要组成部分。通过对历史数据的分析，可以预测病虫害的发生趋势，为病虫害防治提供高精度诊断信息和决策支持。此外，大数据分析还能帮助识别病虫害发生的高风险区域，优化资源配置。

# 第十二章
# "空中堡垒"——无人机植保技术

中国古代劳动人民在几千年的农耕文明中，不断与危害作物的病、虫、草等作斗争，史书中有许多病虫草害防治的记载。《汉书·平帝纪》记载"元始二年，郡国大旱，蝗，青州尤甚，民流亡。遣使者捕蝗，民捕蝗诣吏，以石、斗受钱"，表明蝗虫是古代为害严重的害虫，官府鼓励民众灭蝗。《论衡·卷十五·顺鼓》记载了掘沟阻隔、驱蝗入沟、聚而歼之的灭蝗方法。《元史·食货志》记载，秋耕可使"蝗遗种，皆为日所曝死"。《齐民要术》最早记载使用药剂防治病虫害，"治瓜笼法：旦起，露未解，以枚举瓜蔓，散灰于根下。后一两日，复以土堆其根，则永无虫矣"。这些记载展示了中国古代劳动人民防治农作物虫害的悠久历史。

电影《为奴十二年》中有一个场景：19世纪中叶，艾德温·艾普斯汀的棉田，原本棉桃盛开得像一片白毯子，而现在斑斑驳驳，长势愁人，原来是棉铃虫在棉花上爬来爬去，戕害着作物。奴隶们在棉田里来来往往，不是在摘棉桃，而是在捉棉铃虫。棉铃虫以棉花为食，会把棉株摧残殆尽。艾普斯汀眺望自己被毁的棉田，几近崩溃，认为这是上帝对他的惩罚，是上帝派虫灾来折磨他。由此可见，虫害对棉花的生长具有极大的危害。中国作为农业大国，耕地面积 1.2 亿多公顷，病虫草害是导致作物减产的重要因素之一，病虫草害的防治在农业生产中具有重要意义。

## 一、植保传统农机向无人机的过渡

据统计，中国主要通过手动和小型机（电）动喷雾机为主的植保机械进行病虫草害防治。其中，手动施药药械、背负式机动施药药械分别占植保机械保有量的 93.07% 和 5.53%，拖拉机悬挂式植保机械

棉花无人机植保

约占植保机械保有量的 0.57%，且农药在使用过程中浪费严重。有资料显示，喷施的药剂仅有 20% ~ 30% 能有效作用于目标，不仅资源利用率低，还给环境带来严重污染，导致农产品农药残留的问题。为了改善环境，实现农业的绿色发展，国家号召减少农药施用量，一批走在精准农业前沿的科研人员和企业开始探索如何借助植保无人机的精准喷施来提升农药的利用率，减少其使用量。

有资料显示，在新疆，病虫草害造成的棉花减产一般为 10% ~ 20%，严重时可达 30%。由于新疆每户种植的棉花面积比较大，要进行病虫害防治的时候，人工背着喷雾器去打药耗时过长，不能及时有效防治。另外，新疆棉花种植密度很高，在棉花植株长到枝叶完全遮住土地以后，使用传统的施药器械容易压坏棉花，只有特制的高架喷雾机才能胜任施药任务。但如果采用大型机械进行喷药，成本较高，而且不够灵活。此种情况下，无人机植保技术应运而生。

无人机植保作业机动、迅速，能较好地应对突发及爆发性的病虫害，且能提高植保作业的效率，适用于新疆的规模化种植。

无人机植保应用的是超低容量喷雾技术，用水少，喷雾细、浓度高、穿透性强且飘失少，减少了水和药的用量，尤其适合用于新疆等干旱缺水的地区。

无人机植保作业减少了工作人员接触农药的时间，保障了工作人员的身体健康乃至生命安全；便于实现大面积的统防统治，有利于资源高效利用和环境保护。这一特点和新疆地广人稀、生态脆弱的现状非常匹配。

无人机植保作业减少了与作物的接触，不受作物长势的限制，在作物生长的中后期仍可作业，降低了农作物机械损伤率，对作物的产量和品质无不良影响。该特点特别适合用于新疆棉花高密度种植的模式。

无人机植保作业飞行时所形成的下降气流能够把叶片吹翻，让农药均匀地洒在叶片正反两面，与人工和传统机械相比，其防治效果提高了 15% ~ 35%。在新疆广袤的土地上大有用武之地。

无人机喷药本身所具有的特点，决定了它势必会成为新疆棉花病虫草害防控和生长调控的重要方式。

## 二、植保无人机的发展历程与发展优势

2005—2006 年中国高校和科研院所的研究者们提议开展农业无人机的研究，2008 年正式进入无人机施药技术的探索阶段。2010 年，国内自主研发的植保无人机首次出现在人们的视野内。2012 年，国内第一款电动单旋翼植保无人机研制成功。2014 年，中央发布“一号文件”，提出“加快农用航空建设”，在政策上为农业无人机的发展提供了腾飞的空间。2015 年，农业部制定了《到 2020 年化肥使用量零增长行动方案》和《到 2020 年农药使用量零增长行动方案》，植保无人机迎来了大发展。2016 年被称为植保无人机行业发展的“元年”。2017 年，农业部将农业无人机纳入农机补贴。同时，植保无人机从业人员的相关培训教育也越来越受社会各界重视。

多旋翼植保无人机

天途全自动智能植保无人机 M6E-1

近10年来，中国植保无人机从“无人知晓”变为“多方关注”。目前，中国已拥有涉及植保无人机产业的企业200余家，其中深圳大疆、广州极飞、北方天途、辽宁壮龙等植保无人机厂家屹立潮头，享誉国内外。中国也成为全球植株无人机作业面积最大的国家，2020年全国作业面积达到6670万公顷。

在新疆，棉花播种面积超过3000万亩，吸引了全国上千支无人机植保队伍齐聚新疆。深圳大疆、广州极飞、中化MVP、江苏汉和、北方天途、辽宁壮龙、安阳全丰、天鹰兄弟、珠海羽人等植保无人机制造领先企业和农资生产和供应商都在深耕这个大市场。2022年，新疆拥有植保无人机约8000架，成为全国应用植保无人机最多的省份之一。

为何植保无人机在新疆能得以如此迅猛的发展？将植保无人机与传统药箱、小型机械、大型有人机等其他植保机械比较一下，就可以清晰地看出植保无人机在新疆的发展优势。

操作灵活：植保无人机在作物上方喷施农药，不受地面因素、地形、作物高度等的影响，对新疆高密度的棉花种植来说是福音。

作业效率高：在短暂的植保黄金期，能及时作业更大的面积，创造更高的经济效益。一架多旋翼植保无人机日作业量为300～500亩，特别适合新疆棉花的规模化生产和机采棉集中成熟的需求。

节水节药：与传统施药机械相比，植保无人机可减少农药的“跑、冒、滴、漏”，每公顷仅需用水4～10升，节水90%以上；且药液沉积量和覆盖率都优于传统施药机械，从而降低了水和农药的使用总量，减少了对水资源的消耗和对环境的污染，这与新疆节水和保护生态环境的需求不谋而合。

安全性好：施药过程中，人药分离，降低了工作人员农药中毒的风险。

节省劳动力：一名青壮年劳动力日喷药面积约为 50 亩，而一架植保无人机日作业面积是人工的 7 ～ 10 倍。

作业效果显著：无人机植保不仅能将药液喷施在作物叶片正面，还可凭借飞行时产生的强劲下压风场把叶片吹翻，使药液能喷施到叶片背面，最大限度地消灭病虫害。和地面植保机械喷药相比，无人机植保更适宜新疆较高密度种植的棉花病虫草害防治。

总体来看，无人机作业高度低(一般距离作物表面 1.5～3.5 米)，飞行速度慢(3～7 米/秒)，药液不易漂移，农药利用率高，药效好；同时，还可在无人机上挂载多光谱镜头，对作业信息和棉花长势信息进行采集与分析，然后根据棉花长势制订水肥药的处方图，指导无人机通过悬停和动态控制喷头与药液流速，对需要喷药的作物进行有针对性的喷施，“有的放矢”，精准给药，降低农药使用量，做到节水节药、保护环境。

植保无人机进行棉花病虫害防治农药喷施作业

## 三、新疆无人机植保作业

随着无人机植保技术的快速发展，新疆不仅使用植保无人机喷施农药以防治棉花病虫草害，还用它喷施棉花生长调节剂、脱叶催熟剂等。

### 1. 无人机喷施棉花生长调节剂

棉花具有无限生长的习性，营养生长和生殖生长重合的时间长，若在生育期降水过多，会造成植株营养生长过旺，从而抑制生殖生长，使蕾铃大量脱落，最终降低棉花产量和品质，因此需要使用缩节胺进行生长调控。缩节胺能够使棉花叶片加厚、叶绿素含量增加，进而提高叶片光合速率，并抑制棉株主茎生长，缩短植株节间长度，塑造较为理想的株型，同时促进产量器官发育，增加结铃数量。由于生长调节剂主要作用于棉花顶部，无人机垂直向下的喷雾方式可以更精准、均匀地将药剂施用到棉花的顶端，从而提高药剂的利用效率。

### 2. 无人机喷施棉花脱叶催熟剂

早在 2008 年，新疆科技工作者就探讨了飞机喷施 540 克 / 升噻苯隆·敌草隆悬浮剂和 40% 乙烯利水剂进行棉花脱叶的问题，指出需要根据棉花品种、成熟度、种植密度和天气情况确定喷施剂量，还要考虑雾滴飘移对附近农田中加工辣椒、加工番茄的安全性。此后，无人机植保在新疆得到迅速发展，应用场景不断丰富。

科技的进步让无人机在智能化飞控系统、喷施系统、载药量等多个方面实现了突破，加上农药制剂的发展，低空低量施药技术飞速进步。无人机植保技术的发展在农药减量、农业节本增效等方面发挥了积极作用，有力推动了中国农业现代化进程。连续几年的调查数据表明，中国航空植保统防统治效果提升了 10% ~ 20%，农药使用量减少了 20% ~ 30%，农药利用率提高了 10% 以上。

无人机喷施棉花脱叶催熟剂

植保无人机未来将朝着智能化、多功能化、高效化的方向持续迈进，施药将更加精准，将更好地适应不同的农业场景，为农业生产创造更多的便利和效益。

# 第十三章
# "数字棉花"——棉花大数据

2012 年 2 月,《纽约时报》一篇专栏文章称,"大数据"时代已经来临，在商业、经济及其他领域中，决策将逐渐根据数据及其分析而作出，而非基于经验和直觉，数据成为与物质、能源一样重要的战略资源。

作为中国最大的产棉区，2023 年新疆棉花产量 511.2 万吨，占全国总产量的九成以上。至此，新疆棉花年总产量连续 5 年稳定在 500 万吨以上，面积、单产、总产、商品调出量连续 29 年居全国第一。如此大的体量和市场积累了大量的数据，促进了新疆棉花大数据处理技术的发展，也推动着智慧棉花、数字棉花等新技术、新装备的落地应用。

## 一、棉花大数据时代来了

20 年前，人们可能很难想到，仅凭一部手机、一台电脑，就能轻松监测和管理大片棉田。随着大数据、互联网、云计算、5G 等技术的迅猛发展，科研工作者经过多年攻坚棉花大数据处理关键技术，实现了棉花种植全过程大数据监测与管理，为棉花生产智慧化发展作出了突出贡献，让过去无法想象的画面化为现实的丰收美景。

近年来，新疆不断提升农业现代化水平，棉花种植全程机械化率稳步提升，智能化、数字化的棉花种植技术也开始显露头角。“数字棉花”技术在种植方案、田间管理、产业生态等环节实现精准化、系

大数据背景下未来农业场景

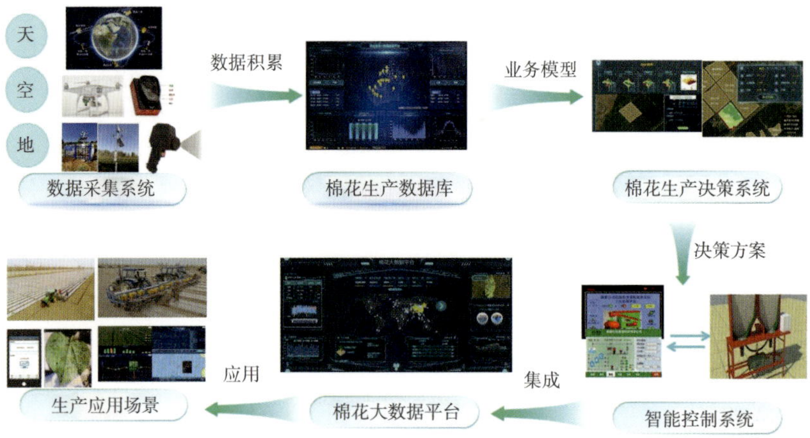


棉花大数据全链条管理框架

统化、产业化的生态闭环，可实现一键获取种植方案、精确到天的棉花管理、精准到田的灾害防治、水肥灌溉一体化、耕种管收全程智慧化操作等。这就是要把棉花从人工经验型种植变成智慧型种植。以前靠经验，现在靠人工智能，即使没有种植经验的新生代种植人员，也可利用“数字棉花”技术种出高品质、高产量的棉花。

大数据时代给棉花产业带来的最大改变就是通过棉花生产过程各环节大数据管理技术和棉花大数据平台，最大限度地提供棉花生产、加工、流通、销售过程中所有信息量，集成农业资源、棉花生产、农业遥感、农业机械、棉花产品质量与市场信息等系统，整合大量、分散的农业信息，为棉花产业提供全方位的服务，实现一体化动态实时管理。换句话说，大数据技术将棉花种植环境信息、生长信息、收获信息、产品市场信息进行了有效连接，使棉花数据能够真正服务农户、企业、政府等生产主体。

## 二、棉花生产中的大数据

### 1. 农业资源大数据

农业资源大数据是在农业生产过程中，通过各种信息技术手段收集、整合和分析的大量农业环境相关数据，包括温度、湿度、土壤、面积、气候条件、自然灾害等。温度、湿度数据可以帮助农户确定灌溉的最佳时机和水量，预测病虫害发生的高风险时期，并及时采取防治措施；土壤数据分析结果能够帮助农民或农业技术人员制订科学的施肥方案；历史气候数据分析能够指导灌溉、施肥等田间管理措施实施；实时气候数据有助于及时发布灾害预警信息，指导农户采取防范措施。

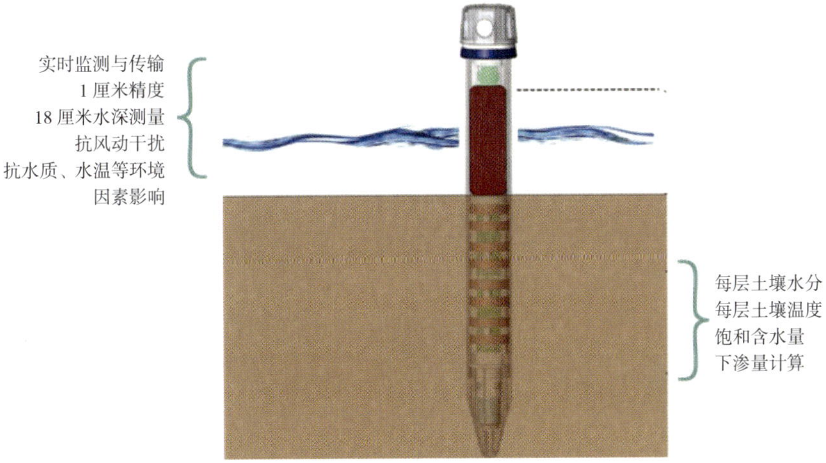


土壤水分数据采集

### 2. 农业生产大数据

新疆棉花生产过程中的大数据技术在播种、水肥一体化、植保作业和采收四个环节均有应用，为棉花生产的数据智慧化管理提供数据基础和信息来源。

播种大数据：播种前，利用卫星定位和地面传感技术，收集土壤类型、温度、湿度等数据。在此基础上，结合历史气候数据和作物生长模型，制订播种计划。智能播种机配备卫星导航和自动驾驶系统，实现精准播种。播种机上的传感器实时监测播种深度和密度，确保均匀播种。根据土壤条件和气象数据调整播种深度和行距，实时调整播种速度和种子投放量，以适应不同种植环境。

水肥大数据：通过田间传感器和遥感监测数据，科研人员利用构建的遥感模型评估作物的生长状态，精确估算棉花生长所需水量和施肥量；利用大数据处理分析技术绘制棉田养分分布图与施肥处方图，指导精准施肥；再将滴灌系统与自动施肥装置相结合，实现水肥一体化，通过水肥智慧化管理系统就能根据指导数据自动调节水量和肥料投放。

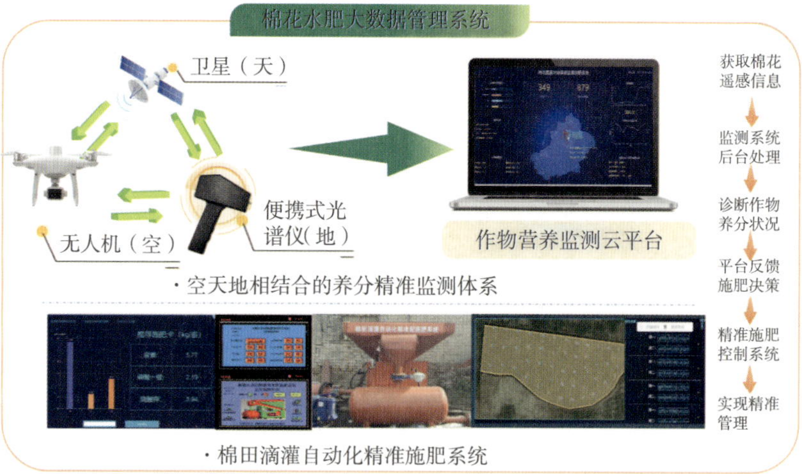


棉花水肥大数据管理系统

植保大数据：利用遥感技术和无人机能够有效监测田间病虫害情况，收集作物生长数据和气象数据，评估病虫害发生风险；无人机搭载多光谱相机和喷雾装置，根据病虫害分布地图，进行精准施药，使植保作业更加灵活、高效，并能覆盖更广泛的区域。植保大数据配合无人机植保作业，真正实现了实时病虫害检测并快速响应，不仅提高了防治效率，更控制了农药的用量，减少了对环境的污染。

采收大数据：棉花采收前，通过遥感技术监测棉花成熟度和产量分布情况，结合历史产量数据和气象数据，预测最佳采收时间。采收作业过程中，自动化采棉机配备智能识别系统，区分成熟与未成熟的棉花，采棉机上的传感器能够实时监控采收效果，根据棉花成熟度数据，

采棉机正在作业

制订采收计划和路线，实时调整采棉机的工作速度和采收强度，确保高效、高质量采收。

### 3. 棉花产品市场大数据

棉花质量全程大数据追溯：新疆棉花的质量追溯体系首先依赖于全面的数据收集，这包括棉花的种植信息（如品种、播种时间、生长环境等）、加工信息（如加工工艺、加工时间等）、仓储和运输信息，以及最终产品的质量检测数据。这些数据通过农业物联网设备、传感器、RFID 标签等技术手段进行实时采集和记录。收集到的数据需要存储在一个中心化的数据库中，以便进行进一步的处理和分析。通过数据分析，可以识别出影响棉花质量的关键因素，如土壤条件、气候变化、加工工艺等；还可以对棉花质量进行预测和评估，为质量改进提供依据，促进棉花销售。

棉花市场大数据监测预警：棉花市场大数据监测预警依赖于对棉

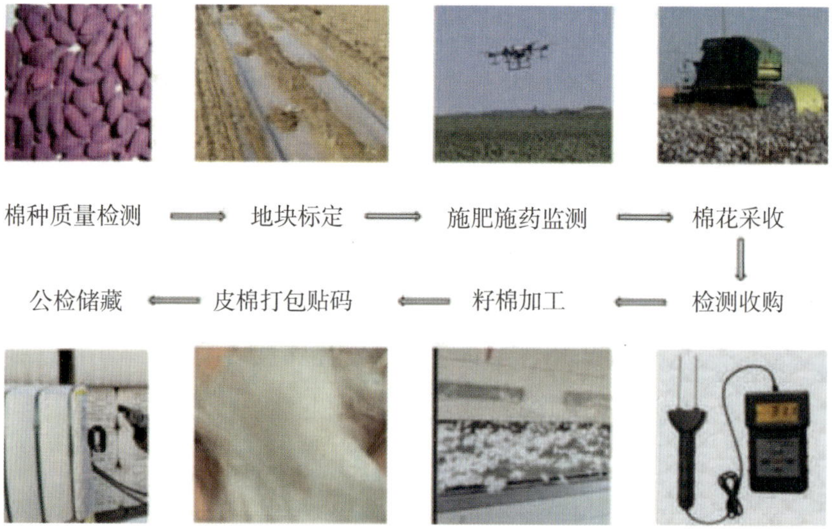


棉花质量全程大数据追溯

花市场动态数据的持续收集，包括棉花价格、交易量、进出口数据、库存情况等，这些数据可以从政府工作报告、行业统计、交易平台和新闻媒体等渠道获取，也可通过第三方数据提供商和市场调研等手段实时获取市场动态信息。通过数据分析，可以识别出市场周期、价格波动等规律。基于数据分析的结果，当市场出现异常波动或潜在风险时，系统会自动触发预警机制。预警信息可以包括价格异常、供需失衡、库存紧张等，有助于企业提前调整生产计划和库存策略，通过定期的市场报告和即时预警，可以为棉花产业上下游的政府、企业和农户提供棉花供销的决策支持。

## 三、棉花大数据综合服务平台

基于大数据技术，新疆棉花种植已实现全过程数据监测与管理，研发了农业资源大数据、农业遥感大数据、生产大数据、农机作业与运维大数据、棉产品市场大数据关键技术，具备了棉花数据资源综合共享管理、棉花农情遥感监测、农机作业监控与运维、水－肥－药智能

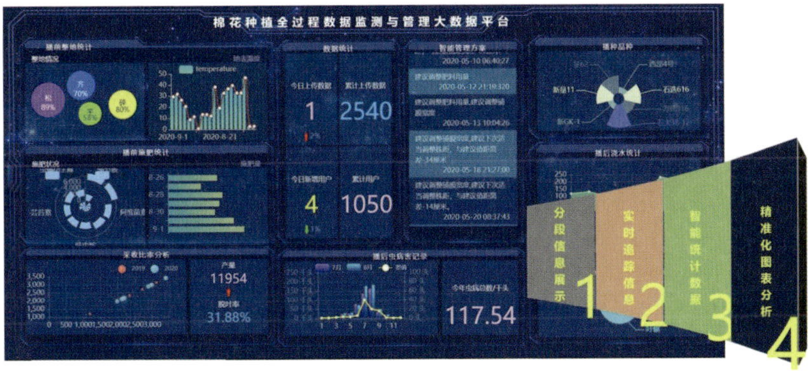


棉花种植全过程数据监测与管理大数据平台

管控、产品质量追溯以及市场预警预测等服务功能。如今，棉花大数据技术及综合服务平台已经在新疆累计应用1000余万亩，实现棉花亩均增产5%～8%，节水10%～15%，节肥20%～25%，节药25%～30%，棉花综合生产效益提高20%～30%。

## 四、棉花大数据的璀璨愿景

新疆棉花大数据已经取得了长足的发展，但总的来讲，在当今数字化时代，大数据在棉花领域的应用不仅充满了挑战和未知，也让人们充满了期待和憧憬。

在全球大数据产业蓬勃发展的大背景下，如何抓住农业大数据发展的机遇，实现传统农业向现代智慧农业的快速转型，是摆在我们面前的重大问题。对此，新疆棉花产业将进一步优化大数据生产管理、分析、处理技术，运用大数据推动棉花相关产业发展，加强对农业的服务和监管能力，助力棉花产业朝“高效、绿色、可持续”目标稳步发展。

世界棉花看新疆，棉花作为国计民生不可或缺的基础产品、基础产业，面临着产品需求不断增加、资源紧缺、气候变化导致灾害频发、生态安全脆弱、生物多样性持续下降等严峻挑战，未来更加需要夯实以农业物联网、云计算技术为核心的农业信息化发展基础，提升以大数据为支撑的农业信息化服务，助力开拓新疆棉花大数据新局面，实现农业现代化和信息化的跨越式发展。

# 参考文献


[1] 本书编委会．诗意科探九轶华年：童庆禧院士遥感从研六十年 [M]. 北京：科学出版社，2024.

[2] 曹秋玲，王琳．基于文献记载的元代以前棉花在我国的利用 [J]. 纺织科技进展，2015（4）：5.

[3] 陈印军，易小燕，方琳娜，等．中国耕地资源与粮食增产潜力分析 [J]. 中国农业科学，2016，49（6）：1117-1131.

[4] 陈仲新，任建强，唐华俊，等．农业遥感研究应用进展与展望 [J]. 遥感学报，2016，20（5）：748-767.

[5] 第五届全国杰出专业技术人才、中国工程院院士喻树迅：与棉花恋爱的“育种魔术师”[EB/OL].（2014-10-15）[2024-08-31] https://news.12371.cn/2014/10/15/ARTI1413356486667183.shtml.

[6] 杜晓莉．从“棉花”的异译看它的传入及在中国的发展 [J]. 汉语史研究集刊，2005（1）：7.

[7] 国家统计局．国家统计局关于2023年棉花产量的公告 [J]. 中国棉花加工，2023（6）：15，20.

[8] 胡渊渊．棉花非叶绿色器官光合特性及对水分亏缺的适应机制 [D]. 石河子：石河子大学，2013.

[9] 华业庆，刘燕．论元代植棉业发展的原因及影响 [J]. 临沧师范高等专科学校学报，2010（2）：36-40.

[10] 李鸿杰．漫话棉花纤维的新用途 [J]. 植物杂志，1990（5）：13.

[11] 刘成武，李秀彬．1980 年以来中国农地利用变化的区域差异 [J]. 地理学报，2006（2）：139-145.

[12]刘金铜. 精准农业概论 [M]. 北京：气象出版社，2002.
[13]刘甜，舒黎明. 壹棉壹世界：7000 年的棉与人 [M]. 深圳：海天出版社，2018.
[14]娄朝霞，温浩军，张斌，等. 多旋翼植保无人机棉花飞防作业效果 [J]. 新疆农业科学，2019，56(3)：537–543.
[15]吕新. 滴灌施肥信息化精准管理技术 [M]. 北京：中国农业出版社，2020.
[16]吕新. 膜下滴灌棉花水肥高效利用调控管理技术 [M]. 北京：中国农业出版社，2010.
[17]马湘泳. 太湖地区棉业历史与棉花布局 [J]. 古今农业，1988(1)：8.
[18]蒙继华，吴炳方，杜鑫，等. 遥感在精准农业中的应用进展及展望 [J]. 国土资源遥感，2011(3)：1–7.
[19]潘家驹. 棉花育种学 [M]. 北京：中国农业出版社，1998.
[20]澎湃网. 新疆棉花的“前世今生”[EB/OL].(2020–11–01)[2024–08–30]. https://m.thepaper.cn/baijiahao_9811723.
[21]钱伯泉. 从吐鲁番出土文书看南北朝时期高昌地区的棉纺织业 [J]. 吐鲁番学研究，2017(2)：12.
[22]石声汉. 明末以前棉及棉织品输入的史迹 [J]. 陕西农业科学，1985(2)：31–38.
[23]斯文·贝克特. 棉花帝国：一部资本主义全球史 [M]. 徐轶杰，杨燕，译. 北京：民主与建设出版社，2019.
[24]宋鑫秀. 元代植棉研究 [D]. 呼和浩特：内蒙古大学，2016.
[25]陶满德. 试论中国棉花主产区形成的历史原因 [J]. 江西师范大学学报(哲学社会科学版)，1994(4)：6.
[26]汪若海. 古代“吉贝”和“白叠”应属不同棉种的初见 [J]. 古今农业，1989(2)：4.
[27]王爱玉，薛超，马亚杰，等. 不同施药器械喷施棉花脱叶催熟剂的效果比较 [J]. 中国棉花，2022，49(10)：16–19.
[28]王铭，李岸锦，孙立，等. 棉花历史漫谈 [J]. 山东纺织经济，2017(5)：42–43.
[29]王荣栋，曹连莆，张旺锋. 作物高产理论与实践 [M]. 北京：中国农业出版社，2007.
[30]习才，赖宇宁(图)，疆图 moodboard(图)，等. 新疆棉花的千年故事　来自中国西北内陆的绿洲奇迹 [J]. 环球人文地理，2021(9)：48–57.
[31]徐纪嘉，何林池. 张謇在中国近代棉种改良事业中的历史地位 [J]. 南通工学院学报，2001，17(1)：67–70.

[ 32 ] 依米提 · 肉孜，司地克江 · 艾外力，买迪尼亚提 · 沙吾提 . 新疆棉花生产机械化现状及建议措施 [J]. 农机科技推广，2022 ( 3 ): 21–23.

[ 33 ] 喻树迅，范术丽 . 我国棉花遗传育种进展与展望 [J]. 棉花学报，2003 ( 2 ): 120–124.

[ 34 ] 张泽 . 棉花营养精准监测与智能诊断 [M]. 武汉：湖北科学技术出版社，2023.

[ 35 ] 涨知识！人民币是棉花做的 [EB/OL]. ( 2021–03–25 ) [2024–09–10].https://m.gmw.cn/2021–03/25/content_1302189019.htm.

[ 36 ] 赵静，辛芳，周月婷，等 . 多旋翼植保无人机与常规喷施缩节胺对棉花生长调控效应比较 [J]. 新疆农业科学，2018，55 ( 11 ): 2096–2104.

[ 37 ] 钟涛 . 基于高分辨率时序遥感数据的新疆棉花识别研究 [D]. 北京：中国科学院大学，2021.

[ 38 ] GUI Y，HUANG C，ZHOU J，et al. Warming effect of the desert regulates spatio–temporal distribution of cotton Verticillium wilt for the oasis agriculture ecosystem[J]. Industrial Crops and Products，2024，219: 119063.

[ 39 ] KANG X，HUANG C，CHEN J M，et al. The 10–m cotton maps in Xinjiang，China during 2018 – 2021[J]. Scientific Data，2023，10 ( 1 ): 688.

[ 40 ] KANG X，HUANG C，ZHANG L，et al. Assessing the severity of cotton Verticillium wilt disease from in situ canopy images and spectra using convolutional neural networks[J]. The Crop Journal，2022: 933–940.

[ 41 ] KANG X，HUANG C，ZHANG L，et al. Regional–scale cotton yield forecast via data–driven spatio–temporal prediction ( STP ) of solar–induced chlorophyll fluorescence ( SIF )[J]. Remote Sensing of Environment，2023，299: 113861.

[ 42 ] KANG X，HUANG C，ZHANG L，et al. Downscaling solar–induced chlorophyll fluorescence for field–scale cotton yield estimation by a two–step convolutional neural network[J]. Computers and Electronics in Agriculture，2022，201: 107260.

[ 43 ] KITTLER R，KAYSER M，STONEKING M. Erratum: Molecular evolution of Pediculus humanus and the origin of clothing[J]. Current Biology，2003，13 ( 16 ): 1414–1417.

[ 44 ] MA Y R，MA L L，ZHANG Q，et al. Cotton Yield Estimation Based on

Vegetation Indices and Texture Features Derived From RGB Image[J]. Frontiers in Plant Science，2022，13：925-986

[45] MBAHINZIREKI G B，DABROWSKI K，LEE K J，et al. Growth，feed utilization and body composition of tilapia ( Oreochromis sp. ) fed with cottonseed meal-based diets in a recirculating system[J]. Aquaculture Nutrition，2015，7 ( 3 )：189-200.

[46] QIN S Z，LV X，ZHANG Z，et al. Study on the nitrogen content estimation model of cotton leaves based on "image-spectrum-fluorescence" data fusion[J]. Frontiers in Plant Science，2023：14.

[47] YANG M，KANG X Y，LV X，et al. Method for early diagnosis of verticillium wilt in cotton based on chlorophyll fluorescence and hyperspectral technology[J]. Comput Electron Agric，2024，216：12.

[48] ZHOU J，HUANG C，GUI Y，et al. Roles of Physiological and Nonphysiological Information in Sun-Induced Chlorophyll Fluorescence Variations for Detecting Cotton Verticillium Wilt[J]. IEEE Journal of Selected Topics in Applied Earth Observations and Remote Sensing，2024，17：8835-8850.

[49] XU Y J，LIU X，CAO X，et al. Artificial intelligence：A powerful paradigm for scientific research[J].Innovation ( Camb )，2021，2 ( 4 )：100179.

[50] WU K M，LU Y H，FENG H Q，et al.Suppression of cotton bollworm in multiple crops in China in areas with Bt toxin-containing cotton.[J]. Science，2008，321 ( TN.5896 ) .

# 后记

小小的棉花种子远道而来，在新疆这片广袤的土地上扎根发芽，在中华民族的勤劳和智慧的浇灌下茁壮成长。伴着一代又一代劳动人民的辛勤劳作，棉花的丰收为人们带来温暖和喜悦。如今，它不仅成为人们日常生活中的“老朋友”，满足着大家的衣食住行用，还因“不恋虚名”“洁身”“图宏志”“暖万家”的精神特质，在中国尤其是新疆被誉为“精神之花”，象征着坚韧、团结、纯净和无私。从起初的人工种植采摘到现今的大规模机械化、智慧化作业，小小的棉花亲历了人类文明和科学技术发展的悠长历史，如今它又承载着人们的期盼和希望奔赴远方。

2019 年，棉花种子搭乘着中国探月工程“嫦娥四号”探测器登陆月球背面，见证了人类首次月背软着陆的伟大壮举。数日后，经历了月球低重力、强辐射、高温差等极端条件重重考验的它成功发芽，为月球带去了第一抹绿色。棉花所具备的超强生存能力和极其广泛且重要的用途，使它成为探月生物科普试验的理想之选。虽然棉花已在地球上广泛种植，但在月球严苛的极端环境下发芽仍是一个挑战，它小小身躯中迸发出的顽强生命力，如同华夏传承千年的民族精神，在阳光下温良恭俭，在困境中百折不挠，在未知中奋勇前进。

小小的棉花种子登上了月球，萌出了月球上的第一片植物嫩芽，这是人类文明的火种在其他星球上生存希望的萌芽，更是人类探寻太空、探索未知梦想的萌芽。这不仅仅是一颗小小的棉花种子，更是紧密连接人类文明过去、现在和未来的纽带。

搁笔已是仲秋，“圆魄上寒空，皆言四海同”，仰望星空，我们总会有无尽的遐想，也许在未来的一天，遥远的星球上也有大片的棉花生长，带着前人的关怀和期盼，陪伴着人类在新家园生活。洁白而柔软的棉花，编织成希望的摇篮，轻轻托起人类永不停歇的科学梦——世界棉花看新疆，未来棉花观宇宙。

“孤举者难起，众行者易趋。”本书的编辑出版，凝聚了所有编者的汗水与心血，在此致以诚挚的谢意！衷心感谢童庆禧院士、陈学庚院士、张献龙院士为本书作序、题写书名！衷心感谢石河子大学、中国科学院空天信息创新研究院、湖北工业大学、华中农业大学、中国农业科学院棉花研究所、新疆农垦科学院、塔里木大学、新疆农业大学、石河子农业科学研究院等单位在本书编制过程中给予的大力支持！衷心感谢长江出版传媒股份有限公司，特别是其所属的湖北科学技术出版社在出版方面的大力支持！本书入选湖北省和中宣部主题出版重点出版物，并获得国家出版基金、兵团科普发展专项和石河子大学科普发展专项等的支持，在此一并表示衷心感谢！

张泽、黄长平

于甲辰龙年中秋夜